西安石油大学优秀学术著作出版基金资助
国家自然科学基金(42102128)
自然资源部中国地质调查局地质调查项目(DD20160172)
陕西省自然科学基础研究计划(2021JQ-591)

阿拉善地块北缘石炭纪-二叠纪盆地地质特征与后期改造

张少华　著

中国石化出版社

图书在版编目(CIP)数据

阿拉善地块北缘石炭纪-二叠纪盆地地质特征与后期改造／张少华著．—北京：中国石化出版社，2022.5
ISBN 978-7-5114-6599-3

Ⅰ.①阿… Ⅱ.①张… Ⅲ.①二叠纪-石炭纪-地块-盆地-石油天然气地质-研究-阿拉善盟 Ⅳ.①P618.130.2

中国版本图书馆 CIP 数据核字（2022）第 034746 号

中国石化出版社出版发行
地址:北京市东城区安定门外大街 58 号
邮编:100011　电话:(010)57512500
发行部电话:(010)57512575
http://www.sinopec-press.com
E-mail:press@sinopec.com
北京科信印刷有限公司印刷
全国各地新华书店经销
*
710×1000 毫米 16 开本 9.75 印张 188 千字
2022 年 5 月第 1 版　2022 年 5 月第 1 次印刷
定价:58.00 元

PREFACE 前言

能源安全是国家战略安全的重要组成部分，油气安全又在国家能源安全中占据着重要地位。随着国民经济快速发展，油气供需矛盾已成为制约我国经济社会可持续发展的一大瓶颈。2020年，我国石油和天然气的对外依存度分别攀升至73%、43%，保障国家能源安全成为当务之急。在逆全球化不断加剧的历史大变局下，我国海外油气供应链产业链面临的风险更加突出。因此，必须立足国内，加大勘探开发力度，促进油气增储稳产上产。

阿拉善地块北缘石炭纪–二叠纪盆地指现今内蒙古西部银根–额济纳旗一带石炭纪–二叠纪发育的沉积盆地(群)。该区油气地质调查工作程度总体较低，且以往的油气勘探工作以中生界(中生代盆地称为银额盆地)为主要目的层位。为了探索新区、新层系、新领域的油气资源，寻求我国油气资源战略接替区，保障国家能源安全，2007年以来，中国地质调查局启动了一系列针对阿拉善地块北缘石炭系–二叠系油气资源调查的项目。2016年，阿拉善地块北缘钻探的拐参1井和延哈参1井相继发现工业油气流，显示该区具有良好的油气勘探潜力，有望成为我国油气资源的战略接替区。然而，随后多口针对石炭系–二叠系的探井接连失利，阻碍了油气勘探工作的进一步深入与突破。其原因何在？理论研究与勘探实践表明，沉积盆地发育的构造环境与属性控制盆地沉降与沉积充填过程，进而控制烃源岩的发育，从根本上决定了盆地油气资源的规模与远景；盆地后期改造特征影响油气成藏要素与组合，以及保存聚散成藏过程，最终决定了沉积盆地油气的贫富、赋存成藏特点与富集分布规律。然而，阿拉善地块北缘在构造位置上位于古亚洲构造域的腹部地区，处于华北板块、塔里木板块与西伯利亚板块所夹持的中亚造山带中段南部，其石炭纪–二叠纪的构造环境与盆地发育特征(尤其是构造属性)极富争议，中新生代大陆板内变形产生的后期改造效应相当复杂。显然，这些基础地质问题是制约阿拉善地块北缘石炭系–二叠系油气勘探工作深入的关键所在。

为此，围绕阿拉善地块北缘石炭纪–二叠纪盆地构造属性与后期改造这一关键问题，本书依托国家自然科学基金(编号：42102128)、自然资源部中国地质调查局地质调查项目(编号：DD20160172)、陕西省自然科学基础研究计划(编号：2021JQ–591)，综合运用沉积–构造过程解析与定量测试分析相结合的方法，重点通过沉积学、地球化学、构造年代学和构造解析的理论与方法，综合研究了石炭纪–二叠纪盆地的发育特征，并确定其构造属性，在低温热年代学数据的约束下厘定了后期改造期次、构造–热事件的序列与特征，系统分析了石炭纪–二叠纪盆地建造–改造过程与区域动力学环境及其对油气赋存的影响。本书共分 6 章。第 1 章为绪论，第 2 章为区域地质概况，第 3 章为石炭纪–二叠纪盆地前寒武纪基底特性，第 4 章为石炭纪–二叠纪盆地沉积充填与构造属性，第 5 章为石炭纪–二叠纪盆地后期改造特征，第 6 章为石炭纪–二叠纪盆地油气保存成藏单元与远景区。

本书是作者研究生学位论文和相关科研项目阶段性成果的凝练和总结，完成过程中受到西北大学刘池洋教授多方面的指导和热情鼓励；西北大学王建强副教授、博士研究生彭恒、硕士研究生管彧照，西安科技大学赵晓辰博士参与了部分研究工作；中国地质调查局西安地质调查中心的卢进才教授级高工、计文化研究员、白建科教授级高工、牛亚卓博士等技术人员始终关心研究工作，并在多方面给予了帮助和支持，在此一并致谢！同时，感谢提供帮助的所有同行和其他人士。此外，本书由西安石油大学优秀学术著作出版基金资助出版，在此向学校及相关领导表示谢意。

作者虽尽力为之，但书中观点和资料难免存在不妥之处，在此向将要花费宝贵时间阅读本书的读者表示歉意，诚请批评指正。

CONTENTS 目录

第1章 绪 论

恢复被改造的复杂盆地的原始面貌与资源评价是当今国内外沉积盆地动力学研究和油气等沉积矿产勘探面临的共同问题和难题(刘池洋，2005；王清晨等，2011)。中国大陆活动性强、深部作用活跃、盆地后期改造强烈而普遍，致使沉积盆地的原始面貌大为改观，抑或面目全非(刘池洋，1996；刘池洋，2000)。这些特点对客观认识我国沉积盆地的形成演化和油气资源潜力评价带来了极大的困难；故长期以来，围绕原盆恢复及其相关理论与技术方法的研究，成为盆地分析的关键内容之一(Klemme，1974，1980；朱夏，1982；Kingston 等，1983；刘和甫，1993；张渝昌，1997；刘池洋等，2000；赵文智等，2000；何登发等，2004；王清晨等，2011；闫臻等，2018)。

阿拉善地块北缘石炭纪-二叠纪盆地指现今内蒙古西部银根-额济纳旗一带石炭纪-二叠纪发育的沉积盆地(群)。该区油气地质调查工作程度总体较低，且以往的调查工作以中生界(中生代盆地称为银额盆地)为主要目的层位(靳久强等，2000；王新民等，2001；郑孟林等，2003)。为了探索新区、新层系、新领域的油气资源，寻求我国油气资源战略接替区，保障国家能源资源安全，2007年以来中国地质调查局启动了银额盆地及其邻区石炭系-二叠系油气远景调查等项目(卢进才等，2010，2018)。2016 年阿拉善地块北缘钻探的拐参 1 井和延哈参 1 井相继发现工业油气流，显示该区具有良好的油气勘探潜力(卢进才等，2017)，有望成为我国油气资源的战略接替区。

然而，阿拉善地块北缘在构造位置上位于古亚洲构造域的腹部地区，处于华北板块、塔里木板块与西伯利亚板块所夹持的中亚造山带中段南部，其石炭纪-二叠纪的构造环境与盆地发育特征(尤其是构造属性)极富争议，中新生代陆内变形产生的后期改造效应相当复杂，这些基础地质问题严重阻碍了油气勘探工作的进一步深入与突破。盆地构造属性和后期改造与油气勘探的相关性主要表现在：①沉积盆地发育的构造环境与属性控制盆地沉降与沉积充填过程，进而控制烃源岩的发育，并从根本上决定盆地油气资源的规模与远景；②后期改造特征影响油气成藏要素与组合以及保存聚散成藏过程，并最终决定沉积盆地油气的贫富、赋存成藏特点与富集分布规律(刘池洋，2007；贾东等，2011)。显而易见，阿拉善地块北缘石炭纪-二叠纪盆地构造属性与后期改造，不仅是中亚造山带晚古生代构造环境与亚洲腹部中新生代陆内变形过程研究的重要科学问题，还是油气资源勘探评价及富集分布规律预测相关的关键基础问题，属于当今盆地动力学及其资源效应研究的前沿领域。

为此，围绕阿拉善地块北缘石炭纪-二叠纪盆地构造属性与后期改造这一关键科学问题，本书依托自然资源部中国地质调查局地质调查项目(编号：DD20160172)、国家自然科学基金(编号：42102128)、陕西省自然科学基础研究计划(编号：2021JQ-591)，综合运用沉积-构造过程解析与定量测试分析相结合的方法，重点通过沉积学、地球化学、构造年代学和构造解析的理论与方法，综合研究石炭纪-二叠纪盆地的发育特征并确定其构造属性，在低温热年代学数据的约束下厘定后期改造期次、构造-热事件的序列与特征，系统分析石炭纪-二叠纪盆地建造-改造过程与区域动力学环境及其对油气赋存的影响。研究成果不仅对于认识中亚造山带石炭纪-二叠纪构造环境与亚洲腹部中新生代陆内变形过程具有重要的科学理论意义，同时对于阿拉善地块北缘石炭纪-二叠纪油气远景评价、富集分布规律预测及其勘探开发等具重要的实用价值。

第1节　研究现状及存在问题

阿拉善地块北缘位于古亚洲构造域的腹部地区，即中亚造山带西段准噶尔、天山、阿尔泰、北山造山带与东段兴蒙造山带的交会地带(黄汲清等，1977；吴泰然和何国琦，1992，1993；Şengör 等，1993，1996，2018；王廷印等，1992，1993；Yue 等，2001；李锦轶等，2014；Xiao 等，2015，2018)，同时也处于阿尔金与东戈壁2条大型陆内走滑断裂带的侧接转换部位(Yue 等，1999；Yue 等，2001；王鸿祯等，2006；Webb 等，2010；Heumann 等，2014，2018；Dai 等，2017)。长期处于如此复杂而特殊的构造位置，使得该区构造特征复杂、后期改造强烈。也正是因为如此，阿拉善地块北缘不同程度地记录了地质历史上各期构造动力体系及其转换过程，使其成为窥探中亚造山带演化的关键地带，同时也是解析中亚地区中新生代大陆变形的天然实验室。目前，阿拉善地块北缘石炭纪-二叠纪所处的构造环境与盆地构造属性还存在很大的争议，特别是古亚洲洋最终闭合问题所引发的晚古生代裂谷与沟弧盆体系之争；中新生代陆内变形研究仍较为薄弱，尤其是多期次、多属性构造-热事件的序列与特征以及阿尔金断裂的东延问题。

一、中亚造山带与石炭纪-二叠纪构造环境及盆地构造属性

中亚造山带(Central Asian Orogenic Belt；Jahn 等，2000)，或称阿尔泰型造

山带（Altaids；Şengör 等，1993）、中亚褶皱系（Central Asian Fold Belt；Khain 等，2002）、中亚造山体系（Central Asian Orogenic System；Briggs 等，2007）、中亚超级拼贴体（Central Asian Supercollage；Yakubchuk，2008），是夹持于西伯利亚和波罗的克拉通与华北、塔里木和卡拉库姆克拉通之间的全球最大的增生型造山带。中亚造山带是在古亚洲洋及其分支大洋盆地多期增生造山过程中逐步形成的，主要由俯冲消减形成的岛弧、洋岛、海山、海底高原、增生楔、蛇绿岩带以及微陆块等拼贴而成，从而显示出多块体、多阶段拼贴的特点（Windley 等，2007；Xiao 等，2015，2018），也被大多数研究者认为是显生宙陆壳增生与改造最显著的地区之一（Şengör 等，1993；Jahn 等，2000）。然而，中亚造山带的构造演化迄今尚未形成共识，特别是其内是否存在古老的陆块及对陆壳生长的贡献、其前身大洋——古亚洲洋的开合演化等问题长期以来颇具争议。

自从Şengör 等（1993）基于单弧系统演化模式，提出现今中亚造山带内的地壳约 50%是新生的，嗣后涉及此地区的地学研究言必称该区是全球显生宙地壳增生最显著的地区。随后，该论点也得到了火成岩全岩 Sm–Nd 同位素数据的支持（Jahn 等，2000）。然而，随着对中亚造山带研究的不断深入与测试数据的积累，Kröner 等（2014，2017）撰文质疑该论点，并认为中亚造山带内真正的新生地壳物质约占 20%，混合地壳物质约占 30%，古老地壳物质约占 50%，因而中亚造山带与地质历史时期其他增生带的陆壳生长速率类似，并无独特之处。其主要论据包括：①过高的陆壳生产速率基于显生宙增生造山作用的产物计算而得，忽视了元古宙的增生造山作用；②将增生造山作用后期的新生地壳物质算作增生期的产物；③锆石 Hf 同位素研究显示，许多先前基于全岩地球化学和 Nd 同位素研究所确定的具有新生性质的岩石，实际上是新生地壳物质与古老地壳物质混合的产物；④许多岩浆岩具有古老的继承或捕获锆石的，显示出古老地壳物质的存在。Zhou 等（2018）系统总结了中亚造山带内前寒武纪微陆块的特征，认为：①中亚造山带内的微陆块主要可分为东段的额尔古纳、兴安、松辽、佳木斯–兴凯等，西段的哈萨克斯坦–伊犁–中天山和准噶尔等，中段的蒙古–图瓦和北山等；②这些微陆块的基底主要由太古宙–古元古代的结晶岩系或者中新元古代的花岗岩及变质杂岩构成，且东、西段的微陆块基底岩石的形成时代存在差异；③这些微陆块普遍记录了格林威尔期（1. 0Ga）的构造事件，暗示其可能参与了罗迪尼亚（Rodinia）超大陆的聚散。由此可见，中亚造山带内确实存在大量前寒武纪物质且构成相对稳定的微陆块，或称微板块（李三忠等，2018）。这些相对稳定的微陆块结构、物质组成、热状态与大洋岩石圈明显不同。在大洋开合过程中，虽然微陆块的物质可能接受改造再造，但是其仍显示出稳定的“砥柱”作用，大多最终镶嵌于造山带内，使得板块演化阶段形成的沉积盆地得以保存，并成为油气勘探的潜在目标区。此外，在板内构造演化阶段，由于这些“块”的存在，块体周缘通常形成各种活动构造带，主要包括裂谷带、造山带、断裂带以及岩浆带等，稳定地块或活动构造带内发育沉积盆地，构成独具特色的块-带-盆系统动力学（刘池洋，2005，2008）。刘池洋（2008）总结了块-带-盆的空间分布关系，认为沉积盆地与稳定地块和活动构造带的分布关系较为复杂，主要包括盆寓带内、盆融其间、盆覆块上、盆位块中等类型，且这些盆地均可成为油气勘探的潜在目标区。因此，确定造山带内古老稳定地块与活动构造带的空间展布及其与沉积盆地的关系，不仅具有重要的科学理论意义，而且对于指导能源矿产的勘察具有重要的现实意义。就阿拉善地块北缘而言，目前关于前寒武纪古老基底的存在还具有较大的争议。王涛等（2001）报道了中蒙边境的亚干变质核杂岩内存在（916±16）Ma 的片麻岩，进而认为中蒙边境存在具备前寒武纪结晶基底的南戈壁微大陆；周印章等（2013）在英巴剪切带附近的花岗岩内部发现了花岗质片麻岩块，获得锆石 U-Pb 年龄为（905±6）Ma，为南戈壁微大陆在我国内蒙古境内的延伸提供了依据。此外，Yarmolyuk 等（2005）对蒙古国境内的片麻状二云母花岗岩进行锆石 U-Pb 测年，获得了上交线年龄为（952±8）Ma，进一步为南戈壁微大陆的存在提供了证据。然而，Taylor 等（2013）指出，中蒙边境获得的前寒武纪锆石年龄均取样于高级变质或高应变的构造岩，且主要为上交线年龄，并大都缺乏谐和年龄控制，这些年龄的构造意义存疑，不能作为南戈壁微大陆存在的证据。因此，确定阿拉善地块北缘前寒武纪结晶基底存在与否，不仅有利于识别中亚造山带内部微陆块的分布，同时对于晚古生代盆地构造属性与后期改造研究具有重要意义。

中亚造山带之前身大洋盆地——古亚洲洋的开合演化迄今尚未达成共识，特别是最终关闭的时限长期以来颇具争议，且争论点随地区发生变化。关于古亚洲洋的开启，Şengör 等（1993，2018）提出古亚洲洋是由新元古代晚期西伯利亚和波罗的克拉通之间的持续拉伸作用而形成的。与之不同，大多数研究者则将中亚造山带的演化与超大陆演化联系起来，认为新元古代罗迪尼亚超大陆的裂解形成古亚洲洋（Dobretsov 等，2003；Gladkochub 等，2019），古亚洲洋的最终关闭则与古生代末期潘吉亚（Pangea）超大陆的聚合具有较好的对应关系（Zhao 等，2018）。需要注意的是，部分研究者的板块重建认为华北克拉通并没有参与罗迪尼亚超大陆的汇聚，因此古亚洲洋并非罗迪尼亚超大陆裂解新生成的大洋，而是泛罗迪尼亚时期米罗沃伊洋（Mirovoi Ocean）的残留（Zhao 等，2018）。此外，Wan 等（2018）通过西伯利亚克拉通南缘和华北克拉通北缘中元古代基性岩墙和岩脉的对比研究，发现两大克拉通边缘共存年代相似的基性岩脉（1.35Ga），且均发育距今 1.35～1.25Ga 的被动陆缘沉积，进而认为该地质记录代表了两大克拉通的裂解与古亚洲洋的形成。与此类似，古亚洲洋(中亚造山带)的演化模式同样极富争议，目前有以下具有代表性的观点：①单弧模式，即单一岩浆弧海沟的持续后退形成巨量的俯冲增生杂岩(新生陆壳物质)，进而通过走滑双重构造的堆叠效应形成山弯构造(Şengör 等，1993，2018)；②多弧或多岛洋模式，即多条岛弧的多期次俯冲增生形成造山拼贴体(Windley 等，2007；Wakita 等，2013；Xiao 等，2015，2018)；③微陆块拼贴模式，即前寒武纪微陆块(古老物质)向大陆边缘连续拼贴增生形成中亚造山带(Badarch 等，2002；Kröner 等，2014)。关于中亚造山带，最富争议的论题当数古亚洲洋最终关闭的时限以及由此衍生的晚古生代区域构造环境与盆地发育特征。就古亚洲洋的最终关闭时限而言，目前存在以下 3 种代表性的观点：①基于晚古生代超基性-基性岩和花岗岩地球化学研究，认为存在晚古生代蛇绿岩带与岩浆岛弧，进而将大洋关闭限定为二叠纪末至早三叠世(Xiao 等，2015，2018)；②基于晚泥盆世区域不整合的存在以及不整合面上下变形的差异，将大洋关闭限定为中古生代或晚古生代早期(Tang，1990；Xu 等，2013；徐学义等，2014)；③基于碎屑锆石物源分析认为，古亚洲洋晚古生代自西向东发生剪刀状穿时闭合，西段闭合发生在距今 310~280Ma 前，中段闭合发生在距今 280~265Ma 前，东段闭合发生在距今 260~245Ma 前(Zhao 等,2018)。基于不同的大洋关闭时限，研究者提出了晚古生代裂谷或者沟弧盆体系两种截然不同的构造环境与盆地发育模式。以往关于这些问题的研究主要集中于中亚造山带西段的准噶尔、天山、阿尔泰、北山地区(Han 等，2010；Xiao 等，2015a；白建科等，2018；Zhang 等，2019)，以及东段的兴蒙造山带(郭胜哲，1986；Wang 等，1986；Shao，1989；徐备和陈斌，1997；Li 等，2006；Xu 等，2013；邵济安等，2014；Xiao 等，2015；Zhao 等，2017；Zhu and Ren，2017)。处于中段的阿拉善地块北缘由于沙漠广布、露头较差，以往研究关注较少。目前，阿拉善地块北缘古亚洲洋的最终闭合时限存在两种主流观点：①泥盆纪-早石炭世(Shi 等，2016；Yin 等，2016；卢进才等，2018)；②二叠纪中晚期-早三叠世(史美良，1987；王廷印等，1992，1993，1998；吴泰然和何国琦，1992，1993；Li 等，2006；Feng 等，2013；谢力等，2014；Zheng 等，2014，2018；Xiao 等，2015；Liu 等，2017；Song 等，2018；Liu 等，2019)。因此，一些研究者提出阿拉善地块北缘晚古生代大洋已经关闭并处于伸展环境，发育大陆裂谷；与之不同，另一部分研究者则认为该区晚古生代存在大洋，发育沟弧盆体系。

显而易见，阿拉善地块北缘古亚洲洋的最终闭合时限及构造环境争论的焦点在于晚古生代是否发育大洋。作为古洋壳残骸的蛇绿岩，通常被用来确立古大洋的发育、俯冲及其消亡过程的演化历史和模式。引发阿拉善地块北缘大洋闭合时限的重要原因之一是，部分研究者认为阿拉善地块北缘的宗乃山-沙拉扎山南北两侧发育两条蛇绿岩带——查干础鲁和恩格尔乌苏蛇绿岩带，且认为北部的恩格尔乌苏蛇绿岩带代表了晚古生代塔里木板块与华北板块之间的古大洋或古亚洲洋（王廷印等，1992，1993；吴泰然和何国琦，1992，1993；王金荣等，1995；Feng 等，2013；Zheng 等，2014，2018；Song 等，2018；Liu 等，2019；见图 1-1），南侧的查干础鲁蛇绿岩带则是宗乃山-沙拉扎山岛弧靠陆一侧弧后盆地的残骸（吴泰然和何国琦，1992，1993；王廷印等，1993；Feng 等，2013；Zheng 等，2014，2018；Song 等，2018）。岩石地球化学与年代学的研究显示，查干础鲁与恩格尔乌苏构造带所夹持之宗乃山-沙拉扎构造带并不具有类似阿拉善地块内部的太古代-古元古代基底岩系，而与中亚造山带内的前寒武纪微陆块存在亲缘性（Shi 等，2014；Zhang 等，2015；史兴俊等，2016）；且该构造带岩体广布，尤以海西期花岗岩体分布最为广泛，且在地球化学特征上显示出陆缘岛弧的特征（Liu 等，2017，2019）。另外，谢力等（2014）在恩格尔乌苏蛇绿混杂岩硅质岩块中发现了二叠纪阿尔拜虫目放射虫化石，认为该带在中二叠世晚期-晚二叠世早期存在古大洋。

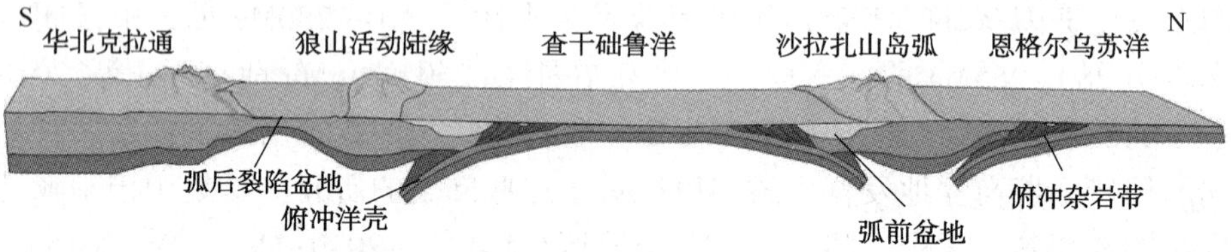

图 1-1　阿拉善地块北缘晚古生代沟弧盆体系模式图（据 Zheng 等，2018）

与此不同，Shi 等（2016）认为，所谓的恩格尔乌苏蛇绿岩带实际是二叠系浊流层序内的熔岩、岩床以及断层角砾岩中的蛇纹岩，且缺失增生楔、岛弧火成岩组合以及双变质带等俯冲带之必备特征要素，说明该区晚古生代并不存在大洋（见图 1-2）；碎屑岩元素地球化学所展现出的岛弧特征，实为物源区早古生代岛弧的属性。另外，Kröner 等（2014）特别指出，壳源花岗质岩石的地球化学特征主要继承了其源区的特征，依据其地球化学数据得到的构造环境与模型需要重新评价，因而宗乃山-沙拉扎构造带晚古生代是否为陆缘岛弧需要继续研究。火山岩是区域构造演化的重要岩石探针，阿拉善地块北缘晚古生代火山岩全岩地球化学（党犇等，2011，2013）与 Sr-Nd-Pb 同位素（Shi 等，2018）研究显示，这些火山岩可能形成于陆内裂谷环境，且可能与地幔柱的活动有关。从生物古地理的角度来看，阿拉善地块北缘中二叠统埋汗哈达组存在冷水和暖水混生的“哲斯动物群”，且沉积环境为裂谷环境下的三角洲-滨岸相，而非洋盆环境（卜建军等，2013）。此外，沉积学研究（Zhu 等，2017；卢进才等，2018b）认为，古亚洲构造域中东部晚石炭世-中二叠世主体为滨浅海相沉积，晚二叠世转变为陆相沉积；

尽管晚古生代地层间可能发育不整合面，但是缺乏区域性不整合面以及与对应之磨拉石建造，因此晚古生代无造山运动，而是处于造山后伸展环境。

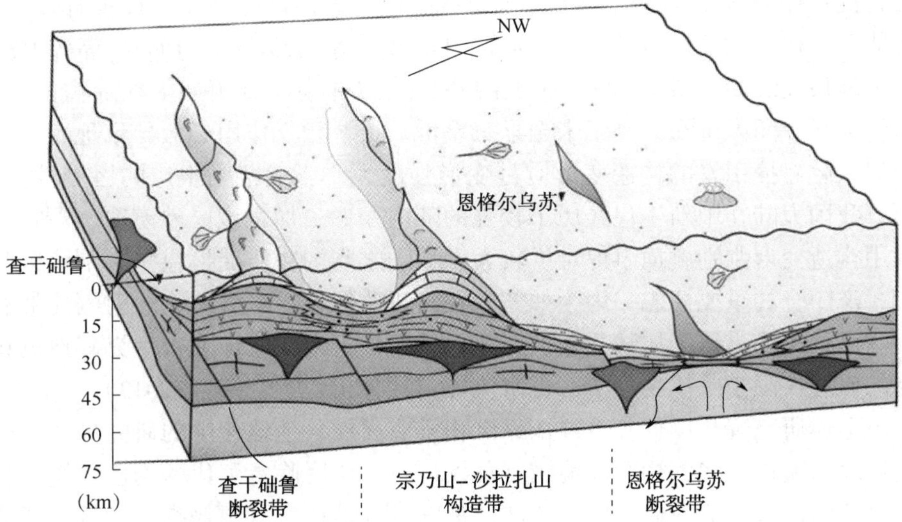

图 1-2　阿拉善地块北缘晚古生代裂谷体系模式图(据 Shi 等，2016)

引起这些分歧的主要原因在于，首先，在大洋关闭的板块构造阶段，大洋沉积物并不能完整保存(Draut and Clift，2013)，且易在后期的板内构造演化阶段被强烈改造。其次，中亚造山带发育多期增生造山作用和底垫的幔源岩浆活动，火成岩地球化学分析的构造环境常具多解性。最后，论辩各方缺乏实质性的交流，只是抓住某一方面的地质事实进行演绎。在关于阿拉善地块北缘晚古生代构造环境的研究中，持陆内裂谷观点者认为，研究区缺乏大洋沉积，沉积以滨浅海相为主；蛇绿岩套存疑，缺乏俯冲带之必要特征要素。与此不同，持沟弧盆体系观点者认为，研究发育大面积的海西期花岗岩体，若为陆内裂谷环境，如何协调岩浆作用与陆内裂谷的关系？

阿拉善地块北缘晚古生代构造环境与盆地构造属性争论的焦点在于该区发育的古亚洲洋在晚古生代是否最终关闭，也即大洋两侧地质体是否发生碰撞。王二七(2016)提出 5 种碰撞判别标志，包括板块运动速率的突然衰减、俯冲型岩浆作用的停止、大陆之间的物质交换、海洋的消亡和构造变形；其中，海洋的消亡最为直观，但是不确定性也最大。另外，该地区属于前中生代造山带，板块的原始格局重建就难点重重，遑论板块运动速率。关于俯冲型岩浆作用，目前基于火成岩地球化学的构造环境研究显示出明显的多解性，主要有以下观点：①晚石炭世末(距今约 301Ma)的埃达克岩演化为中晚二叠世(距今 266~250Ma)的高钾钙碱性双峰式花岗岩组合，反映了构造环境由俯冲向后碰撞的转变(Shi 等，2014)；

②Liu 等(2017)通过锆石 Hf 同位素与全岩 Nd 同位素研究认为，在距今 280~265Ma 期间，研究区由俯冲环境转变为后碰撞构造体制，从而认为阿拉善地块北缘发育的古亚洲洋在此期间关闭；③晚古生代岩浆活动形成于后碰撞伸展环境，且可能和地幔柱的活动有关(Dan 等，2014；Fei 等，2018)；④Feng 等(2013)将阿拉善地块北缘晚石炭世-晚二叠世的辉长岩解释为洋脊俯冲下板片窗的产物，进而将大洋关闭限定在二叠纪末至早三叠世。板块相互作用必然导致地壳发生形变，但大陆碰撞引发的构造变形应是变形强度大、影响范围很广的区域性变形。然而，我国大陆在中新生代经历了较强的陆内变形，加之该区沙漠覆盖严重，使得利用构造变形判别碰撞事件难度较大。大陆之间的物质交换应是判别该区晚古生代大洋闭合的重要标志，因为如若存在沟弧盆体系，深大海沟的阻隔能够有效阻止两侧地质体进行碎屑物质交换，但目前阿拉善地块北缘晚古生界碎屑沉积物源区的研究仅限于重矿物分析、古水流等定性分析(史冀忠等，2013)。

由上述研究现状可见，单纯依靠沉积学或火成岩地球化学的研究导致了阿拉善地块北缘晚古生代的构造环境极富争议。由于该区晚古生代的构造环境不仅是一个重要的区域构造地质问题，更涉及油气及其他矿产资源普查与勘探的战略布局。因此，综合研究该区晚古生代的构造环境极为必要，尤其是通过上古生界碎屑矿物物源的定量研究解析陆块之间的物质交换过程对于约束该区晚古生代的构造环境与盆地构造属性极为关键。

二、中新生代陆内构造与后期改造

阿拉善地块北缘石炭纪-二叠纪盆地后期改造的实质是中新生代陆内构造过程对石炭系-二叠系的改造，其核心是解析该区中新生代构造演化过程。

早在 20 世纪 90 年代，郑亚东等认为阿拉善地块北缘存在中侏罗世晚期的推覆构造，推覆体呈近东西延伸，表现为中元古界白云岩自北向南推覆在新元古界-中侏罗统之上，推覆距离估计在 140km 以上，且该推覆构造与蒙古-鄂霍次克洋的关闭或特提斯构造域的构造事件有关(郑亚东等，1990；Zheng 等，1996)。此后，中外研究者对中蒙边界发育的早白垩世亚干-翁奇海尔罕变质核杂岩进行了精细的构造与年代学分析，并认为其记录了中生代中期区域构造环境由挤压收缩向拉张伸展的转变(郑亚东等，1990；Webb 等，1999；王涛等，2002)。此外，就该区中新生代的盆地演化而言，研究者普遍认为经历了早中侏罗世、白垩纪-古近纪两期裂陷盆地的发育，且在晚侏罗世与早白垩世末期发生两次构造反转事件(靳久强等，2000；郑孟林等，2003)。可见，虽然研究者关注该区的陆内构造演化，但主要着眼于燕山期构造过程，对于印支期和喜山期构造过程关注较少。这主要是由于三叠系残存的地层少，传统的沉积-构造研究已不能解析其演化过程，且地层缺失损失了诸多建立区域构造-改造时空坐标的重要信息；喜山期构造研究薄弱则主要因为沙漠覆盖严重。因而，在传统沉积-构造解析的基础上，必须开拓新的研究思路和研究手段来准确划分中新生代多期次、多属性构造事件的序列与特征，厘定不同阶段构造活动强度及影响范围，并探讨其对石炭系-二叠系的改造作用。

此外，阿拉善地块北缘位于阿尔金与东戈壁两条大型陆内左行走滑断裂带的侧接转换部位，即阿尔金断裂东延部位（见图1-3）。关于阿尔金断裂过祁连山后是否向东继续延伸的问题久富争议（Dai等，2017）。部分研究者认为，阿尔金断裂过祁连山后终止于酒泉盆地与花海盆地之内，并未向东延伸（龚建业等，2006；Xiao等，2015）；另一部分研究者则认为，阿尔金断裂过祁连山后继续向东延伸，但关于向东延伸的方式认识不一，主要有三种观点。①阿尔金断裂与北山东部的弱水断裂相接，并向北进入蒙古国境内（任纪舜和黄汲清，1980；Wang and Mo，1995）；②阿尔金断裂穿过巴丹吉林沙漠与阿拉善北缘之恩格尔乌苏断裂相连，向东北延伸经东戈壁断裂可至鄂霍茨克地区（Yue and Liou，1999）；③阿尔金断裂转为南东东向穿过河西走廊向东延伸，或与祁连山断裂合并（Molnar and Tapponnier，1975；Burchfiel等，1989）。同时，关于阿尔金断裂的活动时限，又存在诸多观点，主要有早古生代、中生代、新生代3种不同认识，且每一阶段内又有多种不同认识，反映了阿尔金断裂活动的多期性与复杂性。另外，东戈壁断裂作为研究区东部一条从蒙古国延伸至我国的大型左行走滑断裂带，研究显示其在中新生代经历了至少5期陆内构造活动事件（Webb等，2010；Heumann等，2014，2018），且活动时限与阿尔金断裂具有较好的耦合性。显然，作为这两条陆内大型走滑断裂带的侧接转换部位，阿拉善地块北缘中新生代构造演化过程的研究，对于客观认识阿尔金与东戈壁断裂在该区相互作用的形式与过程、盆地后期改造与区域动力学环境的变化和耦合是极其重要和必要的。

热事件是重大构造变革时期的直接体现者（Byerlee，1993；Zwingmann and Mancktelow，2004；Gabet等，2008），在盆地中主要通过3种作用产生热效应：①构造活动产生沉降沉积或者隆升剥蚀（Gabet等，2008），导致岩石被加热或冷却；②构造活动生热，如断层活动导致地层升温的热效应，也可以通过热效应反演断层的活动时间（Zwingmann and Mancktelow，2004）；③构造活动伴生的岩浆或热液活动，造成异常的热力效应等。低温热年代学（裂变径迹和U-Th/He）可定量确定地壳浅层所经历热事件、侵蚀事件的时间、强度、速率以及空间分布，现今已成为定量研究区域构造隆升与热演化的重要手段（Reiners and Brandon，2006；Tikoff等，2013）。从裂变径迹分析获得的热事件信息来看，目前在阿拉善地块北缘仅见11个磷灰石裂变径迹数据（韩伟等，2014，2015）。这些数据的峰

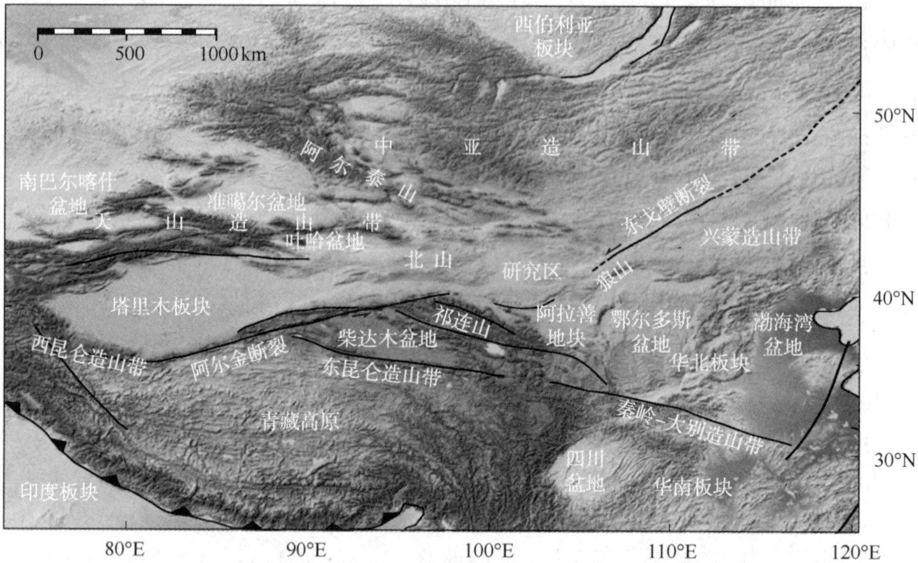

图 1-3　中亚造山带及邻区数字高程地图与阿拉善地块北缘构造位置

值和晚侏罗世与早白垩世末期发生两次构造反转事件是吻合的。然而，由于磷灰石径迹通常只能记录岩石处于60~120℃时所经历的构造-热事件。对于阿拉善地块北缘而言，磷灰石裂变径迹只能揭示燕山期的构造-热事件，还需将其与其他热年代学技术(如U-Th/He)等分析方法相结合，才能完整定量解析改造期多期次、多属性陆内构造事件的序列与特征。另外，这一序列与特征的建立与东亚地区中新生代陆内变形的序列及形式有何联系或异同？与东亚地区中新生代的重要构造事件与动力学环境上有何关系和区别？值得关注的是，研究和辨析这些问题，对客观认识盆地形成、演化、改造与区域动力学环境的变化和耦合也是重要和必要的。

第2节　本书重点内容、测试方法与创新点

一、主要重点内容

本书以阿拉善地块北缘石炭纪-二叠纪盆地为解析对象，特别注意从区域构造演化的角度来综合分析盆地的原始发育特征与构造属性，并从东亚大陆中新生代陆内变形的角度来探讨盆地后期改造过程。总体上，遵循“整体、动态、综合”的原则，强调以过程为主线，以残留盆地沉积充填与变形特征为基础，以物源分析和构造年代学技术为纽带来设定重点研究内容。

1. 阿拉善地块北缘石炭纪–二叠纪构造环境与盆地构造属性

（1）通过野外地质调查以及岩石学与同位素年代学的研究，结合区域前寒武纪基底的研究成果，划分阿拉善地块北缘石炭纪–二叠纪盆地的前寒武纪基底构造格架，为石炭纪–二叠纪盆地构造属性与后期改造提供参考。

（2）利用露头资料，选择穿越盆地的区域骨干剖面，对比各期沉积地层，厘定同期地层的岩性组合特点及沉积环境，明确研究区地层的分布状态和规律。这是认识研究区建造–改造演化过程的重要依据和物质基础。

（3）在地层学与沉积学研究的基础上，利用元素地球化学分析石炭系–二叠系沉积物源环境及变化，并通过穿越盆地的区域骨干剖面的碎屑锆石年代学定量分析物源区，判识所谓的蛇绿岩带两侧在石炭纪–二叠纪是否存在物质交换。

（4）通过收集已有的沉积学、构造学、古地磁、古生物、火成岩地球化学等资料，结合物质交换方面的研究结果，综合分析阿拉善地块北缘石炭纪–二叠纪的构造环境以及盆地的发育特征与构造属性。

2. 阿拉善地块北缘石炭纪–二叠纪盆地的后期改造特征

（1）通过系统的野外地质调查、地震资料解释以及构造年代学分析，明确研究区后期改造的期次、表现形式、强度以及时空差异性。

（2）岩石圈浅层构造单元的活动受区域地球动力学环境控制。从东亚中新生代陆内构造事件的角度，综合分析阿拉善地块北缘各期改造事件的地球动力学环境及地质意义。

3. 阿拉善地块北缘石炭纪–二叠纪盆地油气远景分析

（1）从盆地原始发育特征的角度，分析评价阿拉善地块北缘石炭纪–二叠纪盆地油气赋存成藏条件的发育状况。

（2）从后期改造的角度，分析评价阿拉善地块北缘石炭纪–二叠纪盆地的油气保存成藏单元及远景区。

二、主要测试方法

为了获得扎实的第一手资料，本书开展了大量的分析测试，主要包括全岩元素地球化学分析、LA–ICP MS 锆石原位 U–Pb 同位素测年、锆石 Lu–Hf 同位素分析、磷灰石裂变径迹热年代学分析和锆石 U–Th/He 分析等。现将各分析测试方法一并介绍在前，后文不再赘述。

1. 全岩元素地球化学分析

全岩粉末样品的制备在西北大学大陆动力学国家重点实验室完成。选取约 150g 新鲜岩石样品经粗碎和细碎使其粒度至 200 目以下，取其 30~50g 做全岩元素地球化学分析。

碎屑岩和岩浆岩的全岩主量、微量和稀土元素测试分别在自然资源部西安地质调查中心实验测试中心和西北大学大陆动力学国家重点实验室完成。全岩主量元素分析采用玻璃熔饼法在 X 射线荧光光谱仪(XRF)上测定。微量和稀土元素使用电感耦合等离子质谱仪(ICP-MS)对溶液样进行测定。主量元素的分析精度优于 2%，微量和稀土元素的分析误差一般小于 5%。

2. LA-ICP MS 锆石原位 U-Pb 同位素测年

进行锆石原位 U-Pb 和 Lu-Hf 同位素测试前，需将分选的锆石矿物制靶，并拍摄透反射光以及阴极发光照射图像。锆石的制靶和照相在南京宏创地质勘查技术服务有限公司和西北大学大陆动力学国家重点实验室完成。根据不同类型锆石测年分析的要求，选择一定量的锆石颗粒固结在环氧树脂上，然后打磨抛光至锆石颗粒的 1/3~1/2 使其内部结构充分暴露，进行透反射光和阴极发光照相。

LA-ICP MS 锆石原位 U-Pb 同位素测年在西北大学大陆动力学国家重点实验室和自然资源部西安地质调查中心实验测试中心完成。西北大学大陆动力学国家重点实验室锆石原位 U-Pb 年龄和微量元素分析使用波长为 193nm 的 GeoLas 200M 激光剥蚀系统和 Agilent 7500a 质谱仪。分析采用单点剥蚀方式，激光斑束直径为 32μm，激光频率为 6Hz；采用国际标准锆石 91500 作为外标标准物质进行同位素分馏效应和质量歧视的校正计算，采用 NIST 610 和 ^{29}Si 分别作为元素含量的外标和内标。自然资源部西安地质调查中心实验测试中心锆石原位 U-Pb 年龄和微量元素分析使用波长为 193nm 的 Excimer 激光剥蚀系统和 Neptune 多接收电感耦合等离子质谱仪。分析采用单点剥蚀方式，激光斑束直径为 24μm，激光频率为 5Hz；采用国际标准锆石 91500 作为外标标准物质进行同位素分馏效应和质量歧视的校正计算，采用 NIST 610 和 ^{29}Si 分别作为元素含量的外标和内标；GJ-1 锆石标样作为监控盲样来监视测试过程的稳定性，保证每 6 个样品点至少插一组标样。数据处理均使用 Glitter 4.0 软件完成，锆石谐和图使用 Isoplot 4.15 程序编制。

3. 锆石 Lu-Hf 同位素分析

锆石微区原位 Lu-Hf 同位素分析在西北大学大陆动力学国家重点实验室进行。激光剥蚀系统是 193nm 准分子激光剥蚀系统(RESOlution M-50，ASI)，包含一台 193nm ArF 准分子激光器，一个双室样品室和电脑控制的高精度 X-Y 样品台移动、定位系统。激光能量密度为 $6J/cm^2$，频率为 5Hz，斑束直径为 43μm，载气为高纯氦气，流速为 280mL/min。Lu-Hf 同位素分析采用多接收等离子体质谱(Nu Plasma Ⅱ MC-ICPMS)。Lu-Hf 同位素分馏校正采用指数法则计算，采用$^{176}Lu/^{175}Lu=0.02656$和$^{176}Yb/^{173}Yb=0.78696$扣除$^{176}Lu$和$^{176}Yb$对$^{176}Hf$的干扰，获得准确的$^{176}Hf$信号值。Hf和Lu同位素比值采用$^{179}Hf/^{177}Hf=0.7325$进行仪器质量歧视效应校正，Yb同位素采用$^{173}Yb/^{171}Yb=1.12346$进行仪器质量歧视效应校正。在分析过程中，国际标准锆石样品91500和Mudtank作为监控样品，每8个样品插入一组国际标样，数据采集模式为TRA模式，积分时间为0.2s，背景采集时间为30s，样品积分时间为50s，吹扫时间为40s。详细的分析方法、仪器参数以及数据处理方法见相关文献[Yuan等(2008)和吴福元等(2007)]。

4. 磷灰石裂变径迹热年代学分析

磷灰石裂变径迹热年代学测试在西北大学大陆动力学国家重点实验室进行。分析采用外探测器法，并依据IUGS推荐的磷灰石标样(Durango和Fish Canyon Tuff磷灰石)获得的校正因子Zeta(ζ)进行年龄校正。测试分析过程如下：首先，将分选所获的磷灰石颗粒固定在环氧树脂上，然后打磨抛光暴露单颗粒的最大内表面；在进行中子辐照前，先将磷灰石靶置于20℃恒温、5.5mol/L的HNO_3溶液中蚀刻20s以揭露自发径迹；然后，黏结低铀云母片作为外探测器并与IRMM-540标准铀玻璃探测器组成辐照组件送往美国俄勒冈州立大学辐照中心接受中子照射；辐照后，在20℃使用40%HF溶液(体积分数)将云母片蚀刻40min以揭示诱发径迹；随后，使用Zeiss Axioplan 2显微镜统计测出自发径迹和诱发径迹密度，并尽可能多地测量围限径迹长度及对应的Dpar值；最后，根据年龄计算公式和校正因子计算单颗粒和样品年龄值。本书磷灰石裂变径迹测试的加权平均校正因子Zeta(ζ)值为225.54±10.78。

5. 锆石U-Th/He分析

锆石U-Th/He分析在美国亚利桑那大学年代学实验室完成。测试分析过程如下：首先，使用双目显微镜挑选晶形完美(自形度高)、不含包裹体与裂隙的锆石颗粒作为待测颗粒，并利用计算机软件在显微镜下观察并测量其颗粒几何参数；随后将锆石颗粒装入Nb管并完成封装；其次，通过激光加热对锆石晶体进行脱气，至少2次激光加热，每次持续约15min，直至最后一次加热释放出的^4He含量小于^4He总释放量的2%，并利用四级杆质谱仪完成样品^4He浓度的测定；再次，使用$HF-HNO_3$和HCl混合溶液酸解锆石颗粒，并使用ICP-MS测定U、Th与Sm含量；最后，根据测定的^4He、^{238}U和^{232}Th等含量计算样品的(U-Th)/He年龄。

三、创新之处

本书通过对阿拉善地块北缘石炭纪-二叠纪盆地发育特征与后期改造的研究，

主要取得了以下创新性认识：

（1）阿拉善地块北缘的珠斯楞–杭乌拉构造带存在锆石 U–Pb 年龄约为 0.9Ga 的前寒武纪岩石，推测其应为南蒙古微大陆在我国境内的延伸。结合前人研究结果，提出阿拉善地块北缘石炭纪–二叠纪沉积盆地的基底自南向北可分为 3 个特征各异的单元，但其均具前寒武纪结晶基底；南部的雅布赖–巴音诺尔公构造带与中部宗乃山–沙拉扎山构造带在约 0.9Ga 就已发生拼贴，推测该拼贴事件建立了华北板块与 Rodinia 超大陆的联系；北部的珠斯楞–杭乌拉构造带与宗乃山–沙拉扎山构造带拼贴时限较晚，二者之间的恩格尔乌苏断裂带具有活动构造带的性质。总体而言，阿拉善地块北缘石炭纪–二叠纪盆地发育过程具有块–带–盆动力学系统的特征，即沉积盆地发育与稳定地块和活动构造带形成密切相关、有机相连的地球动力学系统。

（2）阿拉善地块北缘的古亚洲洋最终闭合在早二叠世晚期(距今 280~270Ma)，即阿木山组沉积之后、埋汗哈达组沉积之前；晚石炭世–早二叠世早期，阿拉善地块北缘的古亚洲洋向南俯冲并形成沟弧盆体系，在恩格尔乌苏一带发育海沟或弧前盆地，恩格尔乌苏以南的地区受弧后伸展作用的影响发育裂陷盆地；中晚二叠世，阿拉善地块北缘处于后碰撞伸展阶段并发育近海的陆内裂陷盆地。

（3）阿拉善地块北缘石炭纪–二叠纪盆地经历了 10 期后期构造变动与改造事件，其中早二叠世晚期的构造变动对阿木山组的影响较大；二叠纪末–晚三叠世早期的构造变动对于上古生界的改造最强；中侏罗世晚期–早白垩世早期与早白垩世中晚期的构造变动对于上古生界也具有较强的改造效应；其余构造变动对于上古生界的改造相对较弱。后期改造的形式主要包括构造变形、抬升剥蚀、叠合深埋、肢解残存与热力改造等，这 5 种改造形式在不同地区以不同强度表现出差异叠加、复合改造的特征。从改造效应来看，伸展环境下沉降区的叠合深埋对于上古生界的保存较为有利；伸展环境下盆缘区与隆起带的构造抬升以及挤压环境下的强烈变形与隆升对于上古生界的保存不利。阿拉善地块北缘各期构造变动事件的动力学背景不尽相同，早二叠世晚期的构造变动主要受古亚洲洋关闭的影响，中生代的构造变动先后受南部特提斯洋、北部蒙古–鄂霍茨克洋和东部古今太平洋系统演化的影响，新生代的构造变动主要与阿尔金和东戈壁两条大型左行走滑断裂的幕式活动密切相关。

（4）根据盆地发育特征、烃源条件以及后期改造特征，在阿拉善地块北缘划分了 3 个不同级别的石炭系–二叠系油气保存成藏单元与远景区，其中恩格尔乌苏断裂带之北中生代拐子湖–哈日凹陷下伏的二叠系为该区上古生界最为有利的油气远景区。此外，白垩纪裂陷盆地中凸起的石炭系–二叠系岩层可能形成新生古储的潜山型油气藏，也是油气勘探的重要目标。

第2章　区域地质概况

第1节　大地构造背景

阿拉善地块位于华北板块西部，地理上属于我国内蒙古自治区西部，其北缘系指北山以东、狼山-雅布赖山以西、祁连山-河西走廊以北和中蒙边界以南的广大地区。阿拉善地块北缘主体为古老的造山系，发育低山残丘地貌；西部现今处于黑河流域的下游地区，发育巨大的新生代冲积扇并孕育了额济纳旗绿洲；东部大部分地区为巴丹吉林沙漠所覆盖，中北部基岩出露相对较好。

从大地构造的角度来看，阿拉善地块北缘位于塔里木板块与华北板块的交接过渡地带，其西部紧邻北山造山带，东部则被雅布赖山-巴彦乌拉山-狼山所限，南部隔河西走廊带与青藏高原新生代向外扩展的前缘紧密相连，北部则与戈壁-阿勒泰的低山残丘相接。由于该区自然地理条件恶劣，基岩露头多被沙漠、戈壁覆盖，加上交通不便，故而区域地质研究基础较差。以往的研究大都认为该地区处在华北板块西部的阿拉善地块之上，构造活动性较弱。然而，近年来的研究成果显示，阿拉善地块北缘发育多条古生代蛇绿混杂岩带，且宗乃山-沙拉扎山的前寒武纪结晶基底与中亚造山带内部的微陆块具有亲缘性，而与阿拉善地块的前寒武纪结晶基底显示出较大的差异性，指示阿拉善地块的北部边界可能位于宗乃山-沙拉扎山与雅布赖山之间(Zhang 等，2015；史兴俊等，2016)。根据这些新资料来看，阿拉善地块北缘应为构造活动性较强的造山区，是中亚造山带南部东段兴蒙造山带和西段天山-北山造山带所夹持的中段地区，属于古亚洲构造域的腹部地区。另外，中新生代古亚洲构造域的活动减弱，受特提斯构造域和滨太平洋构造域的综合作用，东亚地区发生了多期次多属性的陆内变形事件并形成多条巨大的陆内走滑断裂带。阿拉善地块北缘即处于阿尔金和东戈壁两条陆内左行走滑断裂带的侧接转换部位，因此其大地构造位置极为特殊且重要(见图 2-1)。

需要特别指出的是，中新生代在区域伸展作用下阿拉善地块北缘及邻区发育陆相断陷盆地，常称为银根-额济纳旗盆地(简称银额盆地)。但是对于晚古生

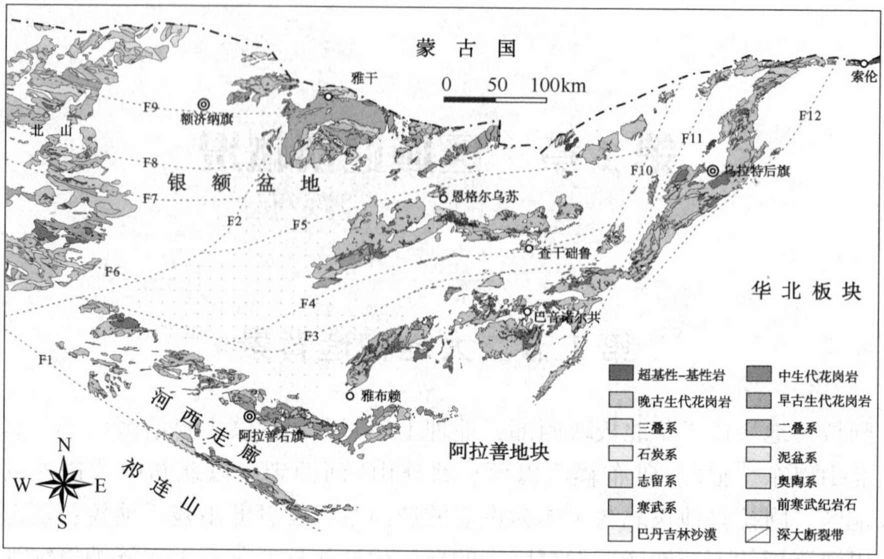

图 2-1 阿拉善地块北缘及邻区主要构造单元及地质简图(底图修编自 Liu 等, 2019)

附注：F1—龙首山断裂；F2—鼎新-霍东哈尔断裂；F3—塔塔拉-阿拉上丹断裂；F4—查干础鲁断裂；F5—恩格尔乌苏断裂；F6—柳园-大奇山-账房山断裂；F7—红柳河-牛圈子-洗肠井断裂；F8—石板井-小黄山断裂；F9—红石山-百合山-蓬勃山-雅干断裂；F10—东戈壁断裂；F11—巴彦乌拉山断裂；F12—狼山断裂

代，该区是否存在一个统一的、与中新生代银额盆地沉积范围相当的“石炭纪-二叠纪银额盆地”是存在疑问的。从目前的资料来看，中新生代银额盆地西部地区的石炭纪-二叠纪岩石地层发育特征、构造特征、地球物理场(见本章第 2 节)等均与北山地区显示出较高的亲缘性，而与东部地区表现出较大的差异。另外，前已述及该区石炭纪-二叠纪构造环境与盆地属性极富争议，是否发育统一的石炭纪-二叠纪盆地仍需深入研究，显然不能继续使用“银额盆地”一词来命名该区石炭纪-二叠纪的盆地(群)。基于此，本书将中新生代银额盆地西部地区下伏的石炭纪-二叠纪盆地归入北山地区，将东部地区的石炭纪-二叠纪盆地(群)作为本书的研究对象，并暂将其称为阿拉善地块北缘石炭纪-二叠纪盆地。

第 2 节 区域地球物理场

地球物理场是岩石圈长期演化与地球内部物质能量交换效应的直观反映，为研究地球内部结构、深部物质组成、区域构造格架及其形成与演化过程提供了非常重要的基础性资料。

一、重力场特征

1. 区域重力场特征

地球重力场主要反映地球浅部结构构造和物质分布特征。区域重力场主要指由区域大尺度结构构造和物质分布所产生的重力场分布，忽略小规模异常产生的影响。阿拉善地块北缘及邻区的区域重力场显示出明显的西南低、东北高的特征(见图 2-2)。具体来看，银根、额济纳旗一带的重力异常值较高，其值围绕$-155\times 10^{-5}m/s^2$浮动，反映区域莫霍面相对隆起；北山、祁连山的重力异常值相对较低，特别是酒泉和玉门一带的重力异常值最低可达$-280\times 10^{-5}m/s^2$，反映了这些地区的莫霍面呈下凹的特征。总体来看，这种区域重力场特征主要反映了阿拉善地块北缘及邻区深部密度界面(莫霍面)的起伏变化，指示西南部造山区的地壳厚度大、东北部中新生代盆地区的地壳较薄。

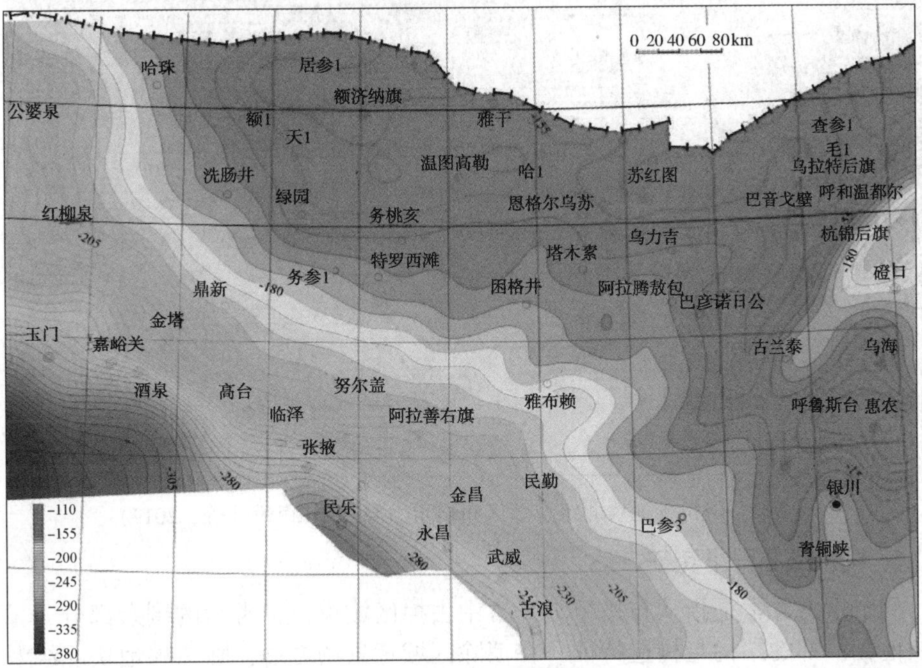

图 2-2 阿拉善地块北缘及邻区区域重力异常图(卢进才等，2012)

2. 布格重力异常特征

布格重力值是实测重力值经正常改正、高度改正、中间层和地形改正后的修正重力值，是地下不同深度的各种密度异常体在重力场上的综合反映。与区域重力场类似，阿拉善地块北缘及邻区的布格重力异常值同样显示出西南低、东北高之特征(见图 2-3)，反映地壳从北东向南西逐渐增厚，且祁连山地区由于山根效应的存在，其重力场快速降低的趋势更显著。需要特别注意的是，与区域重力场不同，在东北部整体相对高背景的布格异常场之上叠加了若干呈北东向延伸的正(负)异常带；在西南部河西走廊一带则叠加了呈北西向延伸的正(负)异常带。中新生代盆地区正异常带大都对应着基底隆起区，负异常带则对应中生代断陷沉降区；西南部河西走廊一带的负异常带则对应中新生代盆地沉降区，正异常则对应区域隆起区。另外，东北部少数负异常带对应大型花岗岩侵入体的分布，如因格井以北的负异常对应着宗乃山花岗岩侵入体。

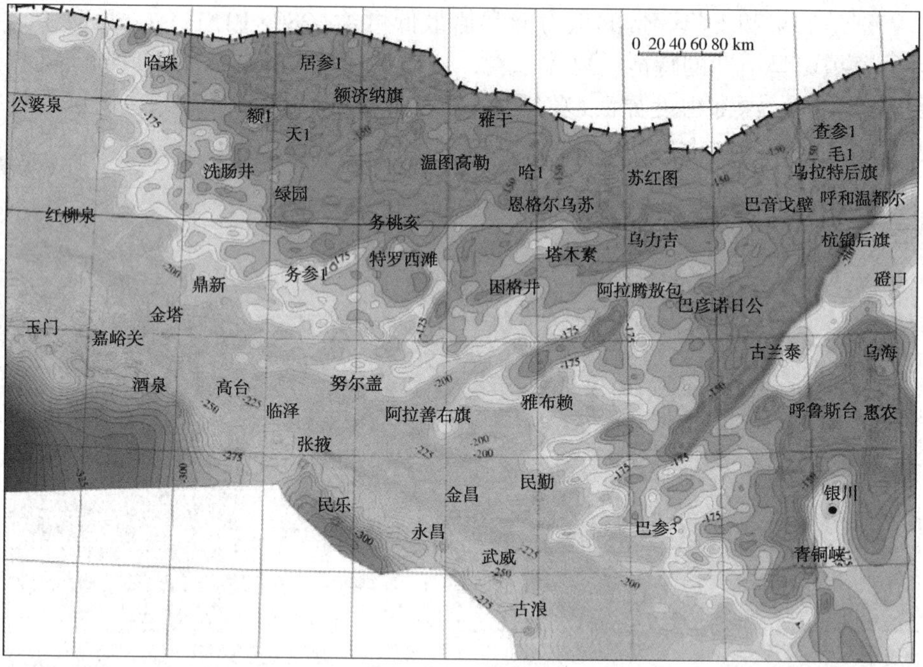

图 2-3　阿拉善地块北缘及邻区布格重力异常图(卢进才等，2012)

3. 剩余重力异常特征

剩余重力异常是指从布格重力异常中去掉区域重力异常后的剩余部分，主要反映地壳浅部的结构与构造特征。在消除区域背景场之后，阿拉善地块北缘及邻区的剩余重力场总体表现为多个大的正负异常带相间排列(见图 2-4)。根据剩余重力异常的展布特征，可将全区划分为 5 个大的异常区：①北山-额济纳旗-银根北东向正负异常交替变化区；②花海-潮水-雅布赖北西-近东西-北东向开阔正负异常区；③酒泉-张掖北西向异常区；④乌拉特-吉兰泰北北东向正负异常区；⑤乌海-银川近南北向正负异常区。

北山-额济纳旗-银根地区在相对平缓的背景上叠加了众多面积较小、狭长的正负突变带，且各异常带连通性差。该区内的负异常大多已有钻井、地震测线覆盖，并已证实为中生代断陷湖盆，反映了中生代阿拉善地块北缘的构造格局为呈弥散式分布、隆凹相间的断陷盆地群。另外，部分重力负异常带由基岩中密度相对较低的酸性侵入岩体引起，如因格井以北的宗乃山花岗岩体、乌力吉花岗岩体和拐子湖以北的黑平山花岗岩体皆显示为负异常。花海-潮水-雅布赖开阔正负异常区对应花海、潮水和雅布赖3个沉积盆地，可分为3个异常亚区，其间以规模较大的正异常带相分隔；各亚区内部表现为负异常开阔、负异常面积明显大于正异常，主要反映了中新生代盆地的凹隆格局。酒泉-张掖北西向异常区位于祁连山前，该区显示为较强的北西向正异常带及与之平行展布的负异常带，且正异常带连续性较好，而负异常带内出现若干较小的正异常点；该区连续性较好的强正异常带与龙首山具有较好的对应关系，其南侧的负异常带则对应着酒泉盆地和民乐盆地。乌拉特-吉兰泰北北东向正负异常区显得格外醒目，其西部的北北东向强正异常带对应着巴彦乌拉山，而东部伴随的强负异常带则对应河套盆地吉兰泰坳陷，整体上呈现出盆山相伴的特征。乌海-银川近南北向正负异常区也显示了盆山相伴之特征，即乌海和阿拉善左旗-青铜峡一带的正异常带分别对应桌子山、贺兰山，其东侧的强负异常带则对应银川地堑，西侧的正负交替的异常特征对应着巴彦浩特盆地内部的凹隆格局。

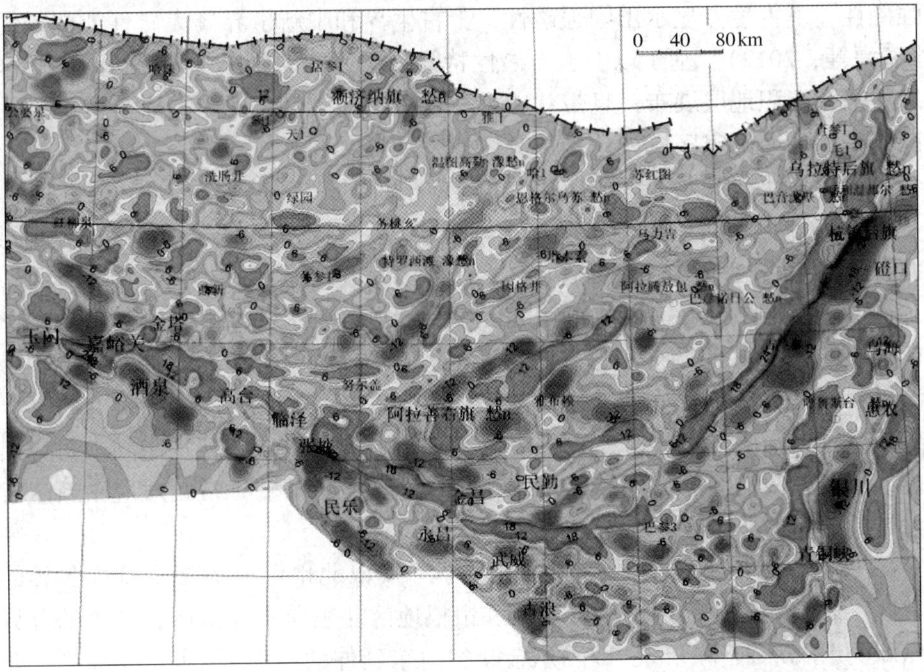

图 2-4　阿拉善地块北缘及邻区剩余重力异常图(卢进才等，2012)

从盆山角度来看，阿拉善地块北缘中新生代盆地区较其相邻的造山带，区域重力异常值明显较高，表明其现今地壳厚度相对较薄，反映了造山期后（中新生代）改造作用的地壳减薄效应。另外，阿拉善地块北缘的剩余重力异常表现为北东向正负异常交替变化，主要反映晚中生代北西-南东向伸展产生的呈弥散式分布、隆凹相间的断陷盆地群，且这些凹陷区是石炭系-二叠系的主要保存区。

二、磁力场特征

磁力异常指由不同类型岩石感应磁化和剩余磁化作用产生的地磁场强度变化。由于不同类型岩石间存在明显的磁性差异，并引起正常磁力场的变化，因而可通过磁力场特征分析地下的物质组成和结构构造特征。

岩石磁性参数统计显示，阿拉善地块北缘及邻区的地层岩石磁性具有如下规律：

（1）火成岩的磁性与其成分密切相关。一般而言，磁性随着火成岩的基性程度的增加而增大，随着酸性程度的增加而减小；基性、超基性侵入岩属强磁性，中性侵入岩属中强磁性，酸性侵入岩磁性较弱。

（2）变质岩的磁性随其变质程度以及原岩成分而变化，变质程度越深磁性越强。一般而言，片麻岩类的磁性最强，而大理岩、变质砂岩基本无磁性。

（3）岩石磁性与地层时代也具有较强的相关性。前寒武纪基底变质岩系显示出强磁性，下古生界显示出中强磁性，上古生界和中新生界属无磁性或弱磁性层（张春灌等，2012）。基于以上岩石磁性特征，研究区的磁异常特征可以反映区域基底特征及沉积地层展布，且带状或串珠状正磁异常带可厘定具有分隔意义的深大断裂带，从而确定区域大地构造分区。

阿拉善地块北缘及邻区的航磁 ΔT 异常（见图 2-5）表现出明显的分区特征：

（1）鼎新-阿拉善右旗一带和雅布赖-吉兰泰一带表现为强磁异常，分别对应着龙首山-北大山和雅布赖-巴音诺尔公的前寒武纪变质基底。

（2）鼎新-阿拉善右旗-雅布赖-吉兰泰一线以南可分为祁连山和阿拉善 2 个特征各异的异常区：祁连山地区以北西向条带状异常为特征，表现为中等正磁异常背景夹局部负异常，反映了祁连山超基性侵入岩和基性火山岩的展布特征；阿拉善地区主体为中等磁异常，局部表现为北东向的正磁异常，正磁异常对应出露地表或埋藏较浅的前寒武纪结晶基底，相对宽缓的中等磁异常则对应中新生代沉积盆地的分布。

（3）鼎新-阿拉善右旗-雅布赖-吉兰泰一线以北也可分为 2 个特征各异的磁异常区：北山地区近东西向磁异常区和银根地区北东向磁异常区，二者的分界位于鼎新-拐子湖-雅干一线，即阿尔金断裂向东延伸的鼎新-霍东哈尔断裂。北山地区的强磁异常带显示该区存在强磁性的前寒武纪基底，且可向东延伸至中生代银额盆地居延海坳陷之下。银根地区的磁异常比北山地区弱，但局部显示出强磁性，显示该区仍可能存在前寒武纪变质基底，但沉积地层厚度较大、基底岩石埋藏较深；另外，该区存在若干北东向带状或串珠状正磁异常带对应区域深大断裂带。

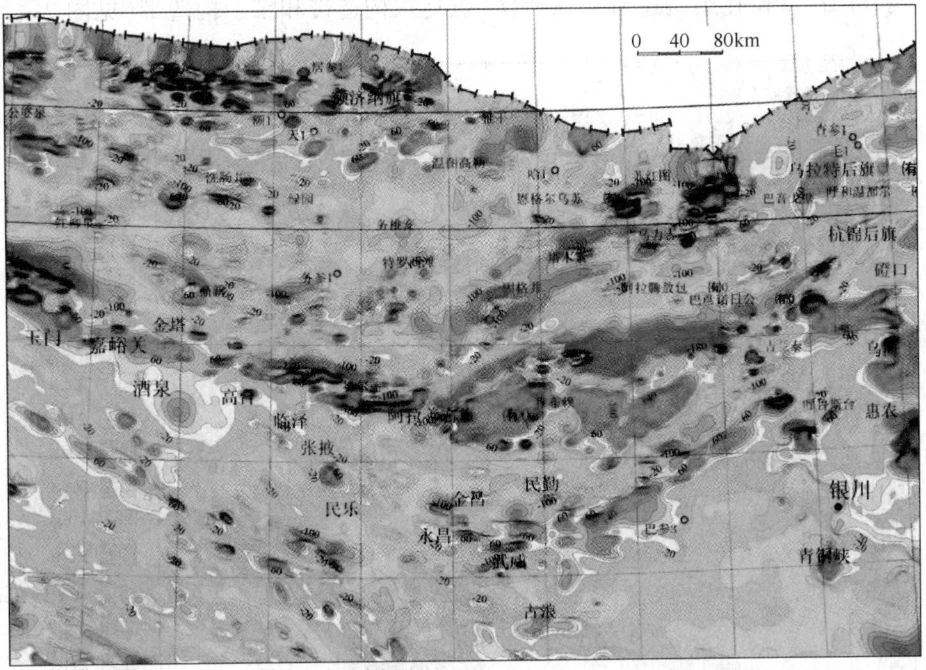

图 2-5　阿拉善地块北缘及邻区航磁 ΔT 异常图(卢进才等，2012)

第 3 节　构造单元划分

构造单元划分是地质研究，特别是区域大地构造研究中一项重要的基础工作。在板块构造理论之前，我国诸大地构造学派关于阿拉善地块北缘的构造归属提出了多种划分方案；随着板块构造理论的兴起，王廷印等(1994)对该区的构造演化等进行了较为细致的研究，认为阿拉善地块北缘的恩格尔乌苏断裂带之南为华北板块西北缘陆缘区，可细分为雅布赖-巴音诺尔公晚古生代大陆弧褶皱带、查干础鲁-霍尔森晚古生代弧后盆地褶皱带和宗乃山-沙拉扎山晚古生代陆壳基底火山弧褶皱带 3 个次级构造单元；恩格尔乌苏断裂带之北为塔里木板块东端陆缘区，可细分为珠斯楞-杭乌拉早古生代被动陆缘褶皱带、呼和套尔盖早古生代洋内弧褶皱带和中蒙边界区晚古生代拉张型过渡壳区褶皱带。

随着研究的不断深入和资料的逐渐积累，本书根据基底特征、岩石组合特征、岩浆活动、区域地球物理场等对上述构造单元划分方案稍做修改。本书以阿尔金断裂向北东方向延伸的鼎新-霍东哈尔断裂为界，将阿拉善地块北缘划分为东、西两部分：西部的构造单元划分与北山可对比；东部以塔塔拉-阿拉上丹断裂、恩格尔乌苏断裂和雅干断裂为界自南向北可划分为雅布赖-巴音诺尔公构造带、宗乃山-沙拉扎山构造带、珠斯楞-杭乌拉构造带和雅干构造带(见图 2-6)。

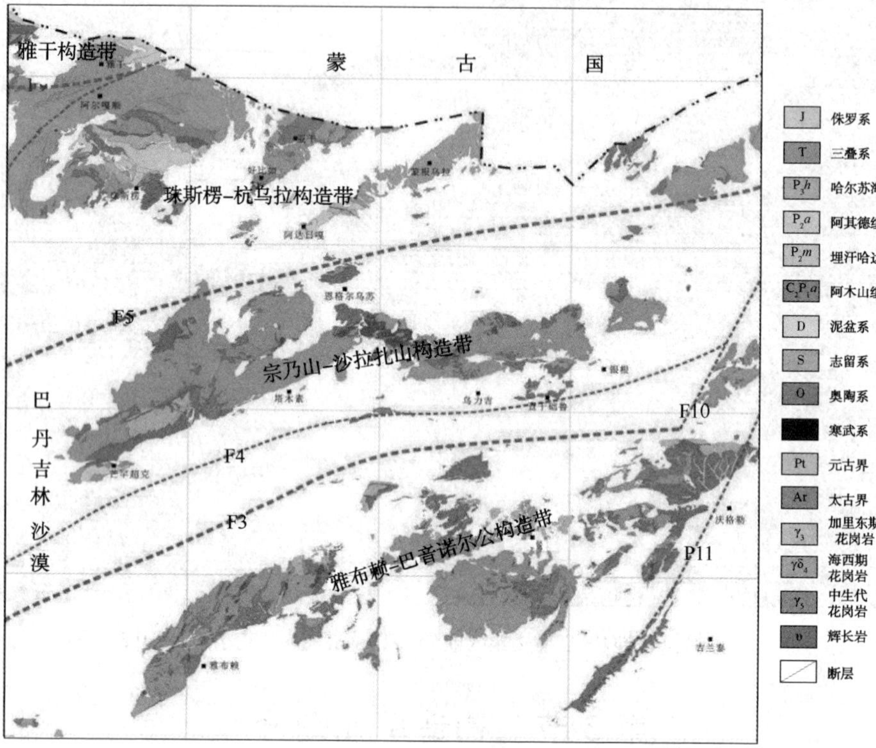

图 2-6　阿拉善地块北缘构造单元划分图

断裂代号同图 2-1

雅布赖-巴音诺尔公构造带为华北板块西部阿拉善地块北缘的活动带，其与阿拉善地块相似，具备早前寒武纪结晶基底岩系，且经历了古生代多期构造运动的改造；宗乃山-沙拉扎山构造带具有前寒武纪结晶基底，但最新的研究显示，其与中亚造山带内的微陆块具有亲缘性(Zhang 等，2015)，且仅发育晚古生代沉积地层，晚古生代岩浆作用强烈；珠斯楞-杭乌拉构造带的前寒武纪基底争议较大，该带古生代沉积地层发育相对齐全，岩浆作用相对较弱；雅干构造带与南侧的珠斯楞-杭乌拉构造带截然不同，其古生代主要发育火山-碎屑沉积岩系，且其特征可与北山地区红石山-百合山-蓬勃山断裂以北的雀儿山构造带相对比，二者构成统一连续的构造单元。

第 4 节　岩石地层特征

岩石地层翔实地记录了地质演化的过程，是区域构造地质研究的基础。本书综合最新的研究资料和构造单元划分方案，按照构造地层的学术思路对阿拉善地块北缘的岩石地层进行综合划分与描述。

一、雅布赖-巴音诺尔公构造带

雅布赖-巴音诺尔公构造带位于塔塔拉-阿拉上丹断裂之南，整体呈北东-南西向延伸，属于华北板块西部阿拉善地块的组成部分。

雅布赖-巴音诺尔公构造带前寒武纪变质岩系分布出露较广，以往统称为阿拉善系或阿拉善群。最近的研究工作将其解体为多套不同时代的变质岩系(耿元生等，2007)，且这些变质岩系记录了距今 3.0～2.7Ga 的陆壳生长、距今约 2.5Ga 的 TTG 岩浆-变质事件、距今 2.3～2.0Ga 的岩浆事件，以及距今 1.95～1.90Ga 和距今 1.85～1.80Ga 的两期变质事件，表明阿拉善地块具有和华北板块东部相似的早前寒武纪基底岩石组合和演化历史(张建新和宫江华，2018)。该带的中新元古界沉积岩缺乏精确的年代约束，根据区域岩石地层对比和叠层石可分为长城系诺尔公群、蓟县系巴音西别群和青白口系乌兰哈夏群，主体为浅海沉积环境下形成的白云岩、灰岩、粉砂岩和泥灰岩夹板岩，并经历了浅变质作用。另外，近年的工作发现，前寒武纪岩石中发育距今约 0.9Ga 的花岗质岩浆活动，这些花岗质岩石显示出“S”形花岗岩的特征(耿元生和周喜文，2010，2011；Dan 等，2014)。该构造带古生代地层不甚发育，仅在局部出露晚古生代陆相酸性火山岩，二叠纪深成岩浆作用强烈。该带缺失三叠纪地层，侏罗系为伸展断陷盆地中发育的含煤岩系，白垩系为一套陆相碎屑岩沉积，第三系为干旱环境下沉积的粗碎屑岩，第四系主要为分布较广的冲洪积物和风成砂砾岩。

二、宗乃山-沙拉扎山构造带

宗乃山-沙拉扎山构造带以塔塔拉-阿拉上丹和恩格尔乌苏断裂为界，该带主要出露古生代-早中生代深成岩体，局部出露前寒武纪岩石；下古生界缺失，上古生界较为发育；侏罗系零星出露，白垩系较为发育，第四系分布广泛(见图 2-7)。

该构造带的前寒武纪岩石主要为黑云二长片麻岩、变斑状黑云斜长片麻岩和角闪黑云二长片麻岩等中高级变质岩系，部分岩石发育眼球状构造[见图 2-7(a)]。以往根据 Rb-Sr 等时线年龄将其划入阿拉善群，认为其形成于中太古代-

古元古代。最近的研究工作显示，该带的前寒武纪结晶基底是由变质表壳岩和变质深成侵入岩组成的变质杂岩，其主要形成于距今 1.5~1.4Ga 前，不存在早前寒武纪结晶基底(史兴俊等，2016)。该带的上古生界沉积岩主要为上石炭统-下二叠统阿木山组的浅海相和海陆交互相混积岩，局部受后期岩浆作用的烘烤或构造变形发生变质。该带缺失三叠系，零星出露的侏罗系为陆相近源粗粒堆积[见图 2-7(b)]；白垩系沉积较厚，下白垩统为火山碎屑岩系[见图 2-7(c)]，上白垩统则为干旱环境沉积的红层；新生界第四系沉积较广，主要为风成砂砾岩[见图 2-7(d)]。

(a)前寒武纪片麻岩　(b)侏罗系粗碎屑岩

(c)白垩系玄武岩　(d)第四系沙丘

图 2-7　阿拉善地块北缘宗乃山-沙拉扎山构造带岩石地层特征

此外，该带大面积出露深成侵入岩，岩石类型包括花岗闪长岩、二长花岗岩、正长岩、闪长岩和辉长岩等，侵入时代集中在二叠纪-早三叠世，但也有早古生代和晚石炭世岩浆作用的报道。另外，早古生代岩浆中还携带年龄约为 0.9Ga 的捕获锆石(郑荣国等，2016)，暗示该带可能也存在新元古代构造热事件。

三、珠斯楞-杭乌拉构造带

珠斯楞-杭乌拉构造带介于恩格尔乌苏和雅干断裂带之间，整体呈北东东向延伸，向北进入蒙古国境内。该带在中蒙边境亚干-翁奇海尔罕一带出露角闪岩相变质岩系，被划作前长城系嘎顺陶来群，作为前寒武纪结晶基底存在的证据。关于该套变质岩系的时代仍存在较大争议，Webb 等(1999)认为其属于晚中生代变质核杂岩的产物，并给出了距今 129~126Ma 的黑云母$^{40}Ar/^{39}Ar$年龄；然而，王涛等(2001)对该套变质岩系内的花岗质片麻岩进行锆石 U-Pb 测年，获得了上交线年龄(916±16)Ma，据此认为该带存在前寒武纪结晶基底；Taylor 等(2013)指出目前中蒙边境获得的前寒武纪锆石年龄均取样于高级变质或高应变的构造岩，且主要为上交线年龄，并大都缺乏谐和年龄控制，不能作为前寒武纪结晶基底存在的证据。此外，该带还出露含叠层石的浅海相碳酸盐岩[见图 2-8(a)]以及变质碎屑岩，被视作前寒武纪结晶基底之上发育的中新元古界沉积盖层；但也有研究者认为，该套沉积盖层为中生代推覆作用搬来的异地体(Zheng 等，1996)。

该构造带古生代地层发育相对齐全，自寒武系至二叠系皆有出露。寒武系下部为浅海-较深海相钙泥质、硅泥质岩石组合，中部为滨浅海相砂泥质、硅镁质与钙质岩石组合，上部包括较深海相的钙质、硅镁质沉积和浅海相的碳酸盐岩沉积等多套岩石组合[见图 2-8(b)]。奥陶系与下伏寒武系及上覆志留系皆为连续沉积，奥陶系下部为灰黑色薄层硅质岩夹灰黄色硅泥质板岩[见图 2-8(c)]，上部为滨浅海相碎屑岩[见图 2-8(d)]夹碳酸盐岩。志留系下部为较深海滞留环境沉积的硅泥质岩石组合，中部为砂泥质岩石快速堆积形成的类复理石建造，上部为滨浅海相的碎屑岩夹砂质灰岩[见图 2-8(e)]。志留纪末，受加里东运动的影响，该区在短暂的抬升剥蚀后再次沉降接受沉积。下泥盆统主要为钙质砂岩、夹礁灰岩、砂质灰岩及砾岩；中泥盆统主要为混积环境下形成的碎屑岩夹灰岩；上泥盆统下部继承了中泥盆统的沉积特征，但上部发育安山岩、安山玄武质熔岩夹灰岩、白云质大理岩和硬砂岩[见图 2-8(f)]。该构造带的晚古生代地层分布最广，且与下伏地层呈角度不整合接触，主体为浅海相的火山-碎屑岩，主要包括上石炭统-下二叠统阿木山组、中二叠统埋汗哈达组、中二叠统阿其德组和上二叠统哈尔苏海组。需要特别指出的是，以往的区调填图认为该区存在下石炭统好比如组，但最近对其中火山岩夹层进行 U-Pb 测年得到(270.3±2.2)Ma，认为该区并不存在早石炭世沉积地层(张宇轩等，2018)。

该构造带的中生代地层与下伏古生界呈角度不整合接触。三叠系主要为一套粗粒碎屑岩沉积，可见钙质结核和砂岩墙。侏罗系仅残留一些孤立的露头，主要为杂色砂砾岩夹砂岩、泥灰岩、凝灰岩、霏细岩等，底部可见酸性火山岩与下伏

(a)前寒武纪含叠层石碳酸盐岩

(b)寒武系硅质板岩

(c)奥陶系硅质岩与灰岩互层

(d)奥陶系砾岩

(e)志留系劈理化砂岩

(f)泥盆系劈理化砂岩

图 2-8　阿拉善地块北缘珠斯楞-杭乌拉构造带岩石地层特征

的哈尔苏海组呈不整合接触。白垩系分布最为广泛，且上下统俱全，主要分布于北东向展布的断陷盆地之内，主体为陆相河湖相沉积的碎屑岩，局部夹火山岩和蒸发化学岩。新生界第三系仅发育始新世河湖相沉积的碎屑岩；第四系下部为冲洪积成因的碎屑岩，上部为风成砂。

除了上述沉积岩系，该带同样发育一系列显生宙深成岩体，岩石类型主要包括中酸性的花岗质岩石和基性的辉绿岩等，深成岩体的侵位时期集中在晚志留世-早石炭世（Zhang 等，2017）、晚石炭世-早二叠世（Liu 等，2018；Fei 等，

2018）、晚三叠世（Wang 等，2004）和早白垩世（Wang 等，2004）。

四、雅干构造带

雅干构造带位于雅干断裂带以北，向西和北山的雀儿山构造带可对比，向北东进入蒙古国境内，该带通常被认为是洋内岛弧或不成熟的岛弧。然而，Zhang 等（2016）对该构造带的黑云母花岗岩进行锆石 U-Pb 测年得到年龄为（889±8）Ma，且其全岩 Nd 同位素为负值，单阶段模式年龄为 1707～2452Ma，表明该带也存在前寒武纪古老物质，可能并非年轻的大洋岛弧。该构造带出露的古生代岩石主要包括奥陶纪、泥盆纪的火山-碎屑岩组合；晚古生代的沉积地层与下伏岩层呈不整合接触，主体为火山-碎屑岩组合，局部夹灰岩透镜体。中新生代的岩石发育特征与其南侧的珠斯楞-杭乌拉构造带相似，主要出露白垩系含煤线碎屑岩以及新生代的冲洪积相粗碎屑岩。另外，该带出露较多的酸性侵入岩，岩浆活动的期次主要集中在泥盆纪、二叠纪和三叠纪（郑荣国等，2013；Zhang 等，2017；Liu 等，2018）。

第3章　石炭纪-二叠纪盆地前寒武纪基底特性

前寒武纪基底特性对区域构造的研究具有重要意义。对于沉积盆地而言，前寒武纪基底特性不仅影响沉积盆地发育的大地构造环境与盆地性质，还深刻影响盆地的后期改造。前寒武纪基底特性可以通过重、磁、电等地球物理资料进行定性推测，但其精确的物质组成与形成时代仍需岩石学与地质年代学等方面的深入研究。本章通过对阿拉善地块北缘野外地质调查新发现的前寒武纪岩石系统地岩石学与同位素年代学的研究，并结合区域前寒武纪基底的研究成果，尝试划分基底构造格架，为石炭纪-二叠纪盆地的发育特征与后期改造提供参考。

第1节　珠斯楞-杭乌拉构造带前寒武纪基底的厘定

一、新元古代淡色花岗岩的发现

珠斯楞-杭乌拉构造带位于阿拉善地块之北的中蒙边界中段，由于沙漠覆盖严重、野外条件艰苦，该区的前寒武纪研究工作较为薄弱。20世纪80年代的野外地质填图工作将亚干地区的一套变质岩系划为前长城系噶顺陶来群，视为该区的前寒武纪基底。与此同时，蒙俄地质工作者在蒙古国南部与中蒙边界区发现了角闪岩相变质岩系与浅变质的碎屑岩、含叠层石碳酸盐岩，认为其分别对应前寒武纪稳定地块的基底与沉积盖层，进而认为存在南蒙古微大陆，且包括南戈壁微大陆和托托尚(Totoshan)地块。随后的同位素测年工作于我国境内亚干地区的花岗质片麻岩得到锆石U-Pb上交线年龄为(916±16)Ma，将其解释为岩体形成年龄，据此认为中蒙边境存在前寒武纪南戈壁微大陆(王涛等，2001)；托托尚地块的片麻状二云母花岗岩也得到了锆石U-Pb上交线年龄为(952±8)Ma，同样显示存在前寒武纪陆块(Yarmolyuk等，2005)。另外，周印章等(2013)对阿拉善地块北缘英巴地区晚古生代侵入岩体内部的花岗质片麻岩岩块和切穿片麻岩的淡色花岗岩脉进行锆石U-Pb定年，前者的锆石核部年龄为1.0~2.5Ga，锆石幔部年龄为(417.2±3.5)Ma。后者获得淡色花岗岩的侵位年龄为(905.2±6.1)Ma；这些数据指示前寒武纪南戈壁微大陆存在，且可延伸至我国阿拉善地块以北的珠斯楞-杭乌拉构造带。

与此不同，美国研究者在蒙古国南部与中蒙边界的研究工作认为，中蒙边境一带的变质岩系是晚中生代亚干-翁奇海尔罕变质核杂岩的变质核，并得到核部深变质岩系的$^{40}Ar/^{39}Ar$年龄为126~129Ma，据此对前寒武纪南戈壁微大陆的存在表示质疑(Webb等，1999)。此外，郑亚东等(1990)在中蒙边界发现了中生代特大型推覆构造，并认为该区的元古界岩层属于外来岩系，而非本地沉积盖层。Taylor等(2013)撰文指出，中蒙边境所获得的前寒武纪锆石U-Pb年龄皆取样于高级变质或高应变的构造岩，且主要为上交线年龄，并大都缺乏谐和年龄控制，这些年龄的构造意义存疑，不能作为南戈壁微大陆存在的证据。显而易见，珠斯楞-杭乌拉构造带前寒武纪物质的存在与否目前仍存在较大争议。因此，寻找确凿的前寒武纪物质不仅可解决南蒙古微大陆的相关争议，同时也对认识该区显生宙沉积盆地的性质与后期改造具有重要意义。

珠斯楞-杭乌拉构造带的侵入岩体虽出露零星，但仍缺乏系统的岩石学与同位素年代学研究。在野外地质调查过程中，我们发现好比如地区原定为海西期的肉红色钾长花岗岩内部夹杂着较多淡色花岗岩岩块。这些具有捕虏体属性的淡色花岗岩岩块在手标本上以浅色长英质矿物为主，可见大量的白云母单矿物(见图3-1)，指示其具有较高的含铝指数，可能为沉积岩发生部分熔融的产物。因而，这些淡色花岗岩可能蕴藏着珠斯楞-杭乌拉构造带早期地壳演化的重要信息。为了揭示这些淡色花岗岩所蕴藏的地质信息，我们选择1块典型样品(YE17-12)进行锆石U-Pb年代学和Lu-Hf同位素研究。这些测试分析均在西北大学大陆动力学国家重点实验室完成。

(a)珠斯楞-杭乌拉构造带淡色花岗岩野外特征

(b)淡色花岗岩显微特征（正交光）

图3-1　珠斯楞-杭乌拉构造带淡色花岗岩野外露头及显微特征

Qz—石英；Pl—斜长石；Ms—白云母

淡色花岗岩样品 YE17-12 共完成 LA-ICP MS 锆石原位 U-Pb 同位素测年 25 测点，所获得的 25 个数据点皆位于谐和线上或附近，锆石$^{238}U/^{206}Pb$ 的年龄范围为 880.2~911.8Ma，加权平均值为(895.5±5.6)Ma(MSWD=0.36，n=25)，可作为淡色花岗岩的成岩年龄(见图 3-2)。

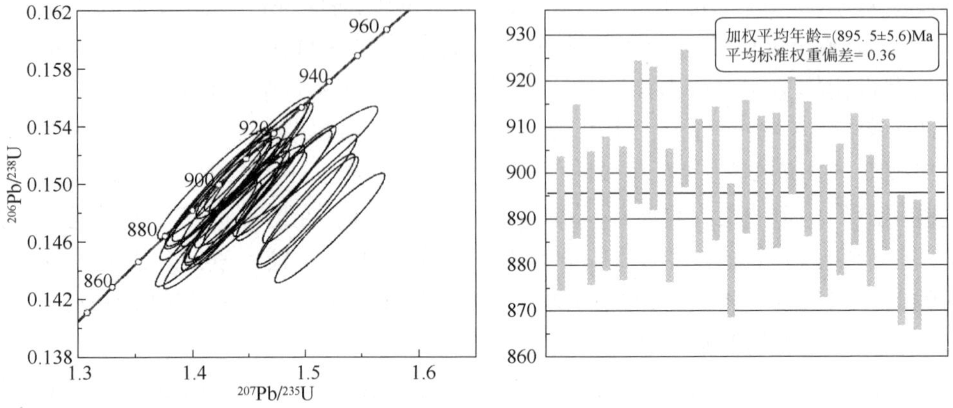

图 3-2　珠斯楞-杭乌拉构造带淡色花岗岩样品 YE17-12 锆石 U-Pb 定年结果

样品 YE17-12 的锆石稀土元素总量较高，且变化较大，∑REE 值为 468.3~978.5ppm(1ppm=10^{-6})，平均为 623.0ppm。在稀土元素中，轻稀土元素明显亏损，而重稀土元素则相对富集，在球粒陨石标准化的配分曲线上显示出较陡的左倾特点(见图 3-3)，且锆石稀土元素大都显示出明显的负 Eu 异常与较弱的正 Ce 异常，与岩浆锆石的稀土元素特征较为一致。

此外，对上述 25 个测点中的 15 个进行了锆石 Lu-Hf 同位素测试，锆石的 εHf(t)值为-3.1~1.7，距离同期亏损地幔演化线有一定距离(见图 3-4)，表明原始岩浆从亏损地幔分异后经历了较长的地壳滞留；其 Hf 同位素两阶段模式年龄为 1664.9~1969.7Ma(见图 3-4)，与淡色花岗岩的成岩年龄有 800~1000Ma 的时间差距，同样指示这些淡色花岗岩的母岩岩浆从亏损地幔分异出来后经历了较长的地壳滞留时间。

综合来看，好比如地区淡色花岗岩岩块的侵位年龄为(895.5±5.6)Ma，其 εHf(t)值为-3.1~1.7，两阶段模式年龄为 1664.9~1969.7Ma，表明该区存在 1.8Ga 左右的壳幔分异事件，且原始岩浆从亏损地幔分异后经历了较长的地壳滞留。另外，该花岗岩以浅色长英质矿物为主，富含白云母，缺乏暗色矿物，推测其为沉积岩发生部分熔融的产物。

二、新元古代淡色花岗岩的地质意义

珠斯楞-杭乌拉构造带所在的中蒙边界区是否存在前寒武纪微陆块久有争议。

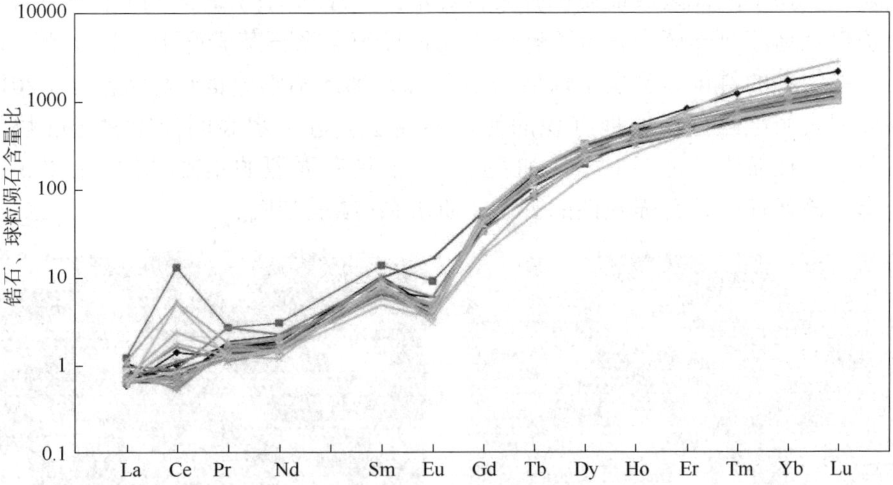

图 3-3 珠斯楞-杭乌拉构造带淡色花岗岩样品 YE17-12 锆石稀土元素配分曲线

球粒陨石标准化数据来自文献 Sun 和 McDonough（1989）

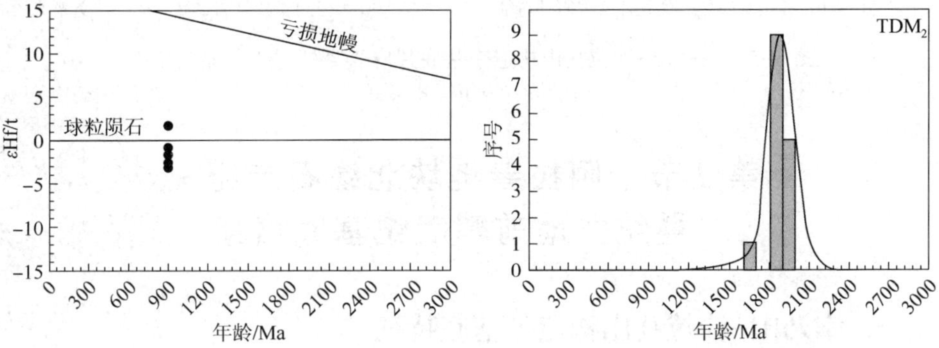

图 3-4 珠斯楞-杭乌拉构造带淡色花岗岩样品 YE17-12 锆石 Hf 同位素与两阶段模式年龄

我们于海西期侵入岩体发现的淡色花岗岩岩块，实测锆石 U-Pb 年龄为(895.5±5.6)Ma，所有测点均得到谐和数据，结合锆石微量元素数据，认为其主要反映了岩浆锆石结晶年龄，可作为岩体的侵位年龄。此外，锆石 Lu-Hf 同位素得到两阶段模式年龄为 1664.9～1969.7Ma，表明在 1.8Ga 左右该区发生了较强烈的壳幔分异事件，且形成的地壳物质于新元古代发生部分熔融形成壳源淡色花岗岩。我们所采集的样品 YE17-12 远离高级变质或高应变的构造岩，且数据质量良好，因而样品 YE17-12 的锆石 U-Pb 年龄与 Lu-Hf 同位素数据提供了该构造带前寒武纪古老陆块存在的年代学证据，且其应为南蒙古微大陆在我国境内的延伸。

需要特别指出的是，西安地质调查中心的科技人员最近在好比如地区获得了约 2500Ma 的锆石 U-Pb 年龄(张宇轩等，2018)，进一步说明该区存在前寒武纪古老陆块。拐子湖幅区域地质调查报告曾指出，在珠斯楞海尔罕以东地区可见中泥盆统伊克乌苏组碎屑岩直接不整合于元古界蓟县系石英岩之上。近年来，西安地质调查中心的科技人员也于珠斯楞地区观察到此不整合面(史冀忠等，2013)。这些证据表明该区存在原地沉积的元古界盖层，进一步表明前寒武纪陆块的存在。另外，在航磁异常图上好比如-亚干一带具有强烈的正磁异常(见图3-5)，同样指示该区存在具有强磁性的古老变质岩系(结晶基底)。

(a) 宗乃山-沙拉扎山基底黑云斜长片麻岩野外特征

(b) 黑云斜长片麻岩显微特征（正交光）

图3-5　宗乃山-沙拉扎山构造带基底片麻岩野外露头与显微特征

Qz—石英；Bi—黑云母

第2节　阿拉善地块北缘石炭纪-二叠纪盆地前寒武纪基底格架

一、宗乃山-沙拉扎山构造带基底特征

宗乃山-沙拉扎山构造带的前寒武纪基底特征与亲缘性久有争议，早期研究认为其具有早前寒武纪结晶基底，属于阿拉善地块的组成部分。近年来，锆石Hf同位素研究显示，宗乃山-沙拉扎山构造带晚古生代侵入岩体的岩浆来自相对年轻的地壳物质，而其南侧的雅布赖-巴音诺尔公构造带同期的侵入岩则有较多古老地壳物质的贡献(史兴俊等，2014)。侵入岩捕获锆石的U-Pb年龄和Hf同位素分布特征同样揭示宗乃山-沙拉扎山构造带的基底岩系较为年轻，与中亚造山带内的微陆块具有亲缘性；雅布赖-巴音诺尔公构造带具备早前寒武纪结晶基底，其应属于阿拉善地块的组成部分(Zhang等，2015)。

宗乃山-沙拉扎山构造带的前寒武纪岩系主要出露于宗乃山西段的塔木素地区，岩石类型主要包括黑云斜长片麻岩、黑云二长片麻岩、角闪黑云斜长混合岩等，部分岩石发育眼球状构造(见图3-5)。这些岩石普遍经历了低级-中级变质作用，以往的区域地质填图认为其属于早前寒武纪结晶基底，但缺乏可靠的同位素年代学数据约束。

近年来，研究者对这些缺乏年代学约束的变质岩系开展了较为详细的岩石学、锆石 U-Pb 年代学与 Hf 同位素研究，认为该带发育中元古代变质深成侵入岩与表壳沉积岩(卿芸，2010)，并得到锆石 U-Pb 年龄为(1433.4±7.5)Ma、(1510±11)Ma(宋伟，2014)、(1459±11)Ma、(1458±3)Ma 和(1433±17)Ma(史兴俊等，2016)，这些正、负变质岩具有较为一致的锆石 εHf(t)值(0.1~11.9)，其两阶段模式年龄为 1.44~2.19Ga(史兴俊等，2016)。这些高质量的同位素年代学数据均不支持宗乃山-沙拉扎山构造带存在早前寒武纪结晶基底，指示该带的基底岩系相对年轻，主要形成于中元古代(距今 1.5~1.4Ga)。此外，由于中亚造山带内的微陆块大都具备中元古代基底，如中天山识别出年龄约为 1.4Ga 的片麻岩(He 等，2015；龙晓平和黄宗莹，2017)，北山地区也识别出了约为 1.4Ga 的显著地壳生长事件(He 等，2018)，锡林浩特地区也识别出了年龄为 1.3~1.5Ga 的片麻岩(孙立新等，2013，2018)。这些中元古代结晶岩系的识别指示，中亚造山带南缘存在一系列具有中元古代(距今 1.5~1.4Ga)基底的陆块。

综上所述，宗乃山-沙拉扎山构造带的基底为中元古代片麻岩，其与中亚造山带南缘的微陆块显示出紧密的构造亲缘性。

二、雅布赖-巴音诺尔公构造带基底特征

雅布赖-巴音诺尔公构造带位于阿拉善地块北缘，该构造带前寒武纪岩石分布出露较广，以往统称为阿拉善系或阿拉善群。相关研究工作将其解体为多套不同时代的变质岩系(耿元生等，2007；张建新和宫江华，2018)，其中变质基底主要由叠布斯格杂岩、波罗斯坦庙杂岩和巴彦乌拉山杂岩组成(张建新和宫江华，2018)。

叠布斯格杂岩的岩性主要包括片麻岩、角闪岩、大理岩和石英岩等，主体为一套中-高级变质岩系(张建新和宫江华，2018)。早期的研究工作获得了斜长角闪岩的 Rb-Sr 等时线年龄为 3219Ma(杨振德等，1988)、Sm-Nd 全岩等时线年龄为(3018±49)Ma(李俊建，2006)，并据此将其时代划为中太古代。耿元生等(2006，2007)对叠布斯格杂岩进行了锆石 SHRIMP 和单颗粒逐层蒸发法的研究，获得距今 3.57~2.75Ga 的碎屑锆石年龄以及距今 2.69Ga 和距今 2.0~1.9Ga 两期变质改造年龄，进而认为叠布斯格杂岩为变质表壳岩，形成时代为距今 2.7Ga 左右。Dan 等(2012)通过锆石 SIMS 法研究认为，叠布斯格杂岩的表壳岩系沉积时限为距今 2.45~2.00Ga，并为距今 1.98~1.97Ga 的花岗岩所侵入，且遭受了距今约 1.89Ga 和距今约 1.79Ga 的两期高级变质事件改造，否定叠布斯格杂岩的表

壳岩系形成于太古代，但根据 Hf 同位素推测区域存在太古代基底。

波罗斯坦庙杂岩是一套片麻状深成岩，主要由英云闪长质片麻岩和花岗质片麻岩组成(张建新和宫江华，2018)。沈其韩等(2005)运用锆石 SHRIMP 定年法识别出了 1.84Ga 和 1.82Ga 侵入波罗斯坦庙杂岩的花岗片麻岩，并推测波罗斯坦庙杂岩可能形成于古元古代中早期。张建新和宫江华(2018)在波罗斯坦庙地区南部识别出一套形成时代为 2.5Ga 的 TTG 片麻岩，进一步表明波斯坦庙杂岩可能形成于古元古代早期。

巴彦乌拉山杂岩的岩性主要包括长英质片麻岩、基性片麻岩、片岩、斜长角闪岩等(张建新和宫江华，2018)。李俊建等(2004)通过锆石 TIMS 定年法得到巴彦乌拉山杂岩中花岗闪长质片麻岩的年龄为(2028±22)Ma。沈其韩等(2005)使用锆石单颗粒逐层蒸发法得到巴彦乌拉山杂岩中条带状黑云角闪斜长片麻岩的 $^{207}Pb/^{206}Pb$ 年龄为(2271±8)Ma 和(2264±3)Ma。耿元生等(2007)对巴彦乌拉山杂岩中的白云母长英质片岩进行锆石 SHRIMP 年代学研究，获得的碎屑锆石年龄为 2.27~2.50Ga，并得到古元古代末期的变质改造年龄。董春艳等(2007)使用锆石 SHRIMP 定年法获得巴彦乌拉山杂岩中片麻状花岗岩的年龄为(2323±20)Ma，且得到约 1.92Ga 和约 1.86Ga 的两期变质年龄。Dan 等(2012)对巴彦乌拉山杂岩开展了锆石 SIMS 定年研究，得到基性和酸性岩浆岩的结晶年龄分别为约 2.34Ga 和 2.30~2.32Ga，并得到约 1.89Ga 和 1.79Ga 的两期变质事件年龄。Wu 等(2014)通过 LA-ICP MS 定年法获得巴彦乌拉山杂岩的岩浆活动年龄为 2.24~2.30Ga，并得到 1.91~1.95Ga 和 1.85~1.88Ga 的两期变质年龄。这些高精度的同位素年代学数据揭示巴彦乌拉山杂岩记录了距今 2.3~2.0Ga 的岩浆事件以及距今 1.95~1.90Ga 和距今 1.85~1.80Ga 的两期变质改造事件。

总体来看，雅布赖-巴音诺尔公构造带的前寒武纪变质岩系记录了距今 3.0~2.7Ga 的陆壳生长、距今约 2.5Ga 的 TTG 岩浆-变质事件、距今 2.3~2.0Ga 的岩浆事件，以及距今 1.95~1.90Ga 和距今 1.85~1.80Ga 的两期变质事件，表明阿拉善地块具有和华北板块东部相似的早前寒武纪基底岩石组合和演化历史(张建新和宫江华，2018)。需要特别指出的是，耿元生等(2002)在雅布赖-巴音诺尔公构造带的大布苏山一带报道了新元古代早期的岩浆活动，获得锆石逐层蒸发法年龄为 971Ma 和 845Ma；随后通过 LA-ICP MS 定年法获得的锆石年龄为(904±7)~(926±15)Ma(耿元生和周喜文，2010)，锆石 Hf 同位素两阶段模式年龄的峰值为 1.56Ga(耿元生和周喜文，2011)。Dan 等(2014b)对这些新元古代早期的岩浆岩进行了岩石学、地球化学、锆石 SIMS 定年和 Hf-O 同位素研究，认为这些岩浆岩属于造山挤压环境下(变质)沉积岩发生部分熔融形成的 S 形花岗岩，其锆石 U-Pb 年龄为 910~930Ma，并具有较高的锆石 O 同位素值，且锆石 Hf 同位素模式年龄为1.6~2.2Ga；基于这些新元古代早期岩浆活动，进一步提出阿拉善地块在前寒武纪与华北板块分离(耿元生和周喜文，2010；Dan等，2014)，直至早古生代才发生拼合(Dan等，2016)。然而，这些新元古代早期的岩浆活动仅限于阿拉善地块北缘的雅布赖-巴音诺尔公构造带，并非阿拉善地块区域性的构造-岩浆事件，故不能作为其与华北板块前寒武纪分离的证据(张建新和宫江华，2018)；此外，华北板块西部贺兰山地区新元古代末期和寒武纪的碎屑沉积岩均识别出了新元古代早期的峰值年龄，且锆石Hf同位素指示其来源于阿拉善地块北缘的新元古代早期花岗岩(Dong等，2017)，进一步证明阿拉善地块在新元古代-寒武纪仍与华北板块紧密相连(张建新和宫江华，2018)。

三、区域基底构造格架

基于上述阿拉善地块北缘前寒武纪同位素数据，结合后期沉积建造、岩浆活动以及深大断裂的展布，该区自南向北可划分为3个基底特征各异的构造单元：雅布赖-巴音诺尔公构造带具有太古代-古元古代变质基底，并具有新元古代早期岩浆活动，其属于阿拉善地块的组成部分；宗乃山-沙拉扎山构造带以中元古代(距今1.5~1.4Ga)的变质基底为特征，其与中亚造山带南缘的微陆块具有较好的亲缘性；珠斯楞-杭乌拉构造带可能具有古元古代基底，发育中元古代沉积盖层，并具有新元古代早期岩浆活动，其构造归属仍待进一步研究。

雅布赖-巴音诺尔公构造带与宗乃山-沙拉扎山构造带的分界断裂位置，也即阿拉善地块分界断裂久有争议，目前大多数研究将其置于查干础鲁断裂，或称巴丹吉林断裂，并认为其属于蛇绿岩混杂岩带；周立发(1992)将二者的分界断裂置于南侧的塔塔拉-阿拉上丹断裂。作者基于野外调查及测试分析发现，所谓的查干础鲁蛇绿岩混杂岩带并不是具有分隔意义的大洋闭合的产物，且其在地球物理场上没有明显的表现；与此不同，塔塔拉-阿拉上丹断裂在航磁异常上表现为串珠状正磁异常(见图2-5)，且其北侧发育阿木山组，南侧出露阿拉善地块的基底岩系(见图2-6)，具有显著的分隔意义。因此，阿拉善地块北缘边界断裂当为塔塔拉-阿拉上丹断裂。另外，Dong等(2017)在贺兰山地区新元古代末期和寒武纪的碎屑沉积岩中还识别出了1.5Ga的峰值年龄，但对于这些碎屑锆石的物源未予以解释。我们认为，这些峰值年龄为1.5Ga的碎屑锆石可能就来源于宗乃山-沙拉扎山构造带的中元古代片麻岩基底。另外，郑荣国等(2016)在宗乃山-沙拉扎山构造带志留纪侵入体获得了3颗约0.9Ga的继承锆石，证明该构造带也存在0.9Ga的构造-岩浆活动。基于这些地质事实，我们进一步认为宗乃山-沙拉扎山构造带与阿拉善地块于约0.9Ga发生拼贴，并在阿拉善地块北缘产生了约0.9Ga的带状构造-岩浆活动。此外，从超大陆演化的角度来看，新元古代早期是

Rodinia 超大陆聚合期，阿拉善地块北缘与宗乃山-沙拉扎山构造带约 0.9Ga 的拼贴实质上建立了华北板块与 Rodinia 超大陆的联系。

宗乃山-沙拉扎山构造带与珠斯楞-杭乌拉构造带的分界断裂为恩格尔乌苏断裂带，相关研究大多认为其具有蛇绿混杂岩的特征(王廷印等，1992；吴泰然和何国琦，1992)。恩格尔乌苏断裂带以南的宗乃山-沙拉扎山构造带基底为中元古代(距今 1.5~1.4Ga)的片麻岩，最老的沉积地层为晚石炭世-早二叠世阿木山组；恩格尔乌苏断裂带以北的珠斯楞-杭乌拉构造带的基底研究较弱，但应存在古元古代甚至更老的变质基底，并经历了新元古代早期的构造-岩浆活动，且该带沉积地层发育较为齐全，中新元古界、古生界相对均有出露。显而易见，恩格尔乌苏断裂带是一条具有分隔意义的重要地质界线。然而，恩格尔乌苏断裂带南北两侧的地质体何时拼贴仍然争议较大，该问题也是阿拉善地块北缘石炭系-二叠系盆地发育特征与构造属性解决的关键所在。

综上所述，阿拉善地块北缘石炭纪-二叠纪盆地的前寒武纪基底自南向北可分为 3 个特征各异的单元。南部的雅布赖-巴音诺尔公构造带与宗乃山-沙拉扎山构造带在约 0.9Ga 就已发生拼贴，北部的珠斯楞-杭乌拉构造带与宗乃山-沙拉扎山构造带拼贴时限存在较大争议，但二者应沿着恩格尔乌苏断裂带发生拼贴。总体来看，阿拉善地块北缘在石炭纪-二叠纪盆地发育期具备块-带-盆动力学系统的特征，即沉积盆地与稳定地块和活动构造带形成密切相关、有机相连的地球动力学系统。

第4章　石炭纪-二叠纪盆地沉积充填与构造属性

阿拉善地块北缘石炭纪-二叠纪沉积地层分布较广，这些地层翔实地记录了该区区域构造演化的信息。因此，对这些沉积地层的详细研究可约束区域大地构造环境，进而为该区石炭纪-二叠纪的盆地发育特征提供重要的约束信息。本章在岩石组合与沉积环境分析的基础上，通过元素地球化学和碎屑锆石年代学定量分析沉积物源，并结合其他方面的资料综合讨论石炭纪-二叠纪的区域构造环境与盆地发育特征。

第1节　岩石组合与沉积环境

阿拉善地块北缘石炭纪-二叠纪沉积地层与下伏的下古生界、上覆的中生界皆呈角度不整合接触，主要发育上石炭统-下二叠统阿木山组(C_2P_1a)、中二叠统埋汗哈达组(P_2m)、中二叠统阿其德组(P_2a)和上二叠统哈尔苏海组(P_3h)。这些地层出露较好(见图4-1)，本节主要通过野外典型剖面岩石组合观察与沉积环境分析，为该区石炭纪-二叠纪的沉积格局与盆地发育特征提供约束信息。

一、阿木山组(C_2P_1a)

阿木山组的沉积时代为晚石炭世-早二叠世早期，其在北山地区和努尔盖一带称为干泉组，二者均属于跨时代异地不同名地层。阿拉善地块北缘的阿木山组大面积出露于恩格尔乌苏断裂带之南。对于恩格尔乌苏断裂以北原划为阿木山组的岩层，近年的地层工作认为其可能并非晚石炭世-早二叠世沉积物(牛亚卓)。具体而言，乌登汗和乌哈西比地区原划为阿木山组的岩层获得了火山岩年龄为(389.1±2.9)Ma，因此其属于中泥盆统；珠斯楞地区的原阿木山组下段获得火山岩年龄为(284.3±6.8)Ma，可能属于埋汗哈达组；珠斯楞地区的原阿木山组上段获得基性火山岩年龄为(245.0±2.9)Ma，相当于中三叠统，与区域上三叠系分布及岩相组合并不一致，地层年代可能更晚(牛亚卓)。因此，恩格尔乌苏断裂以北目前没有确切的阿木山组沉积物出露。

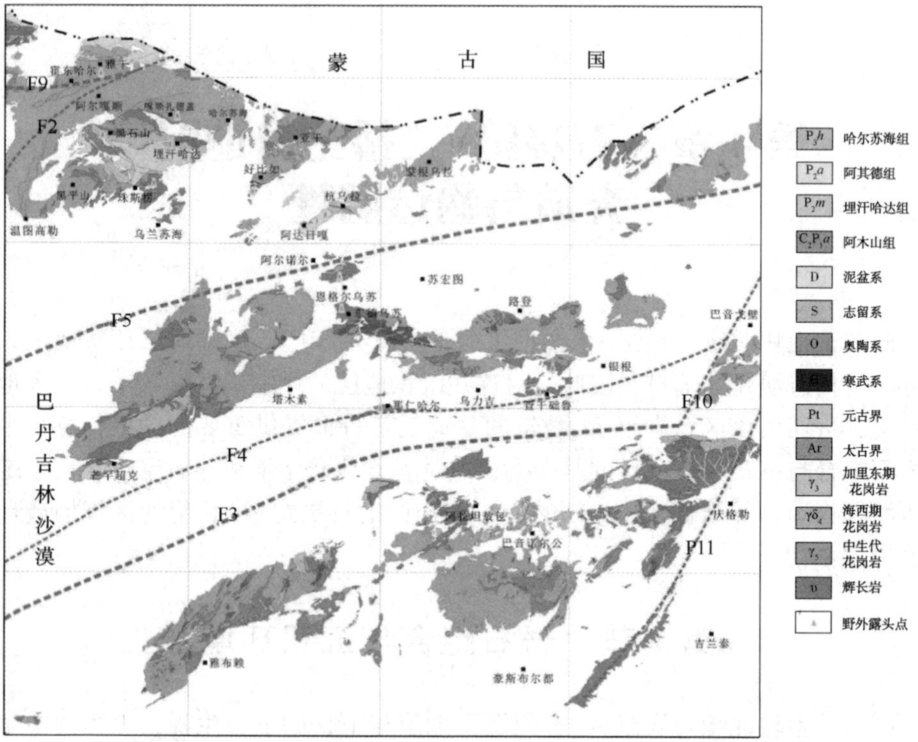

图 4-1　阿拉善地块北缘石炭纪-二叠纪沉积地层分布特征与野外露头剖面位置

断裂代号同图 2-1；空白区为中新生代地层覆盖区

1. 查干础鲁地区

查干础鲁一带的阿木山组主要出露于阿布德仁太山一带的查古尔、陶来、尚丹剖面。该区的阿木山组分为 3 个岩性段：查古尔剖面主要出露阿木山组的中下段；下段的岩性自下而上主要出露杏仁状玄武岩、含砾粗砂岩、中细粒砂岩、生屑灰岩、凝灰岩、凝灰质砂岩、英安岩等，灰岩富含蜓、海百合、腹足等浅海相化石，局部受强变形带影响岩石发生变质变形而出现石英片岩；中段的岩性主要为砾状灰岩、砂屑灰岩、生屑灰岩，夹有少量薄层砂岩(见图 4-2)。

陶来剖面位于查古尔剖面的北侧，主要出露阿木山组的中上段，中段与上段整合接触，中段的岩性为生屑灰岩、厚层状灰岩、砂岩及少量砾岩与含砾粗砂岩等，灰岩含丰富的蜓、腹足、头足、海百合、珊瑚等浅海相化石；上段为一套碎屑岩沉积，岩性主要为砂岩，夹少量砂砾岩。

尚丹剖面位于阿布德仁太山的最北侧，主要出露阿木山组的中上段，中段与上段呈断层接触；与陶来剖面类似，中段岩性以灰岩为主，含丰富的蜓、珊瑚等浅海相化石；上段岩性以砂岩为主，局部含砾，砂岩磨圆度差，钙质胶结(见图 4-3)。

(a)阿木山组下段砾岩

(b)阿木山组下段石英片岩

(c)阿木山组中段灰岩露头

(d)阿木山组中段生屑灰岩

(e)阿木山组上段紫红色粉砂岩

(f)阿木山组上段灰绿色砂岩，碎屑锆石分析样品

(g)阿木山组中、上段断层接触关系，上为中段灰岩，下为上段碎屑岩

图 4-2　查干础鲁地区阿木山组岩石野外露头特征

整体来看，查干础鲁地区阿布德仁太山一带的阿木山组出露完整、沉积连续，自下而上构成火山碎屑岩-碳酸盐岩-碎屑岩的沉积序列。从沉积环境的角度来看，阿木山组下段呈现出火山岩、碎屑岩与碳酸盐岩交互沉积的特征，且其含有大量的浅海相化石，应当沉积于滨浅海相的混积台地环境，且区域构造环境较为活跃；中段岩性组合相对简单，岩性主体为灰岩，含少量碎屑岩，应当沉积于相对稳定的碳酸盐岩台地环境；上段岩性以碎屑岩为主，主要为砂岩，岩性较为稳定，局部可见交错层理，沉积环境属于较为稳定的滨浅海环境。

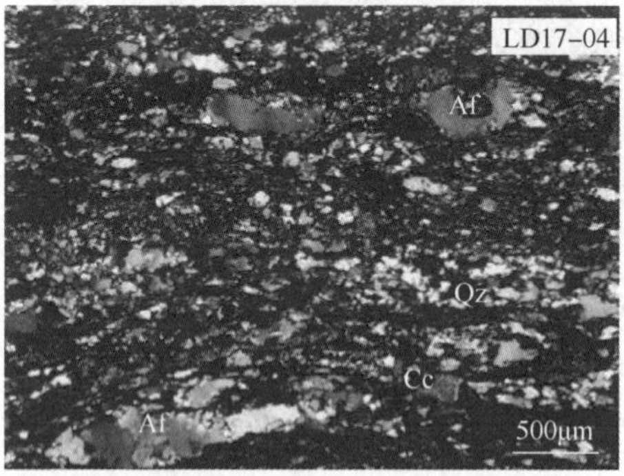

(a)阿木山组下段石英片岩

(b)阿木山组下段凝灰质岩屑砂岩

(c)阿木山组上段棱角状砂岩，碎屑锆石分析样品

(d)阿木山组下段蚀变火山岩

图 4-3　查干础鲁地区阿木山组岩石显微特征

Af—碱性长石；Qz—石英；Cc—方解石；Pl—斜长石；Ls—沉积岩岩屑

2. 东德乌苏地区

东德乌苏地区的阿木山组变形强烈，变质程度较深，地层原始沉积层面几乎难以辨识，不同能干性的岩层之间发生强烈的劈理折射，地层层面大都已为后期劈理面所置换，且侵入大量的基性火成岩脉体。从野外来看，该区阿木山组的岩

性主要包括绢云母化千枚岩、变质砂岩、大理岩、砾岩、砂岩等，局部可见未变质的灰岩透镜体(见图4-4)。

(a)阿木山组千枚岩

(b)阿木山组灰岩透镜体

(c)阿木山组岩石的劈理折射现象

(d)阿木山组未变质、含黄铁矿晶体的砂岩，碎屑锆石分析样品

图4-4　东德乌苏阿木山组岩石野外露头特征

室内岩石薄片鉴定发现，东德乌苏地区阿木山组变质岩的变质程度不一，从浅变质到深变质的岩石均有出现(见图4-5)。此外，局部地区还出露未发生变质的灰岩与碎屑岩，表明本区的变质岩并非区域变质作用的产物。我们对发生强烈变形变质的副变质岩样品进行锆石U-Pb测年，得到最小的年龄峰值为247Ma，明显小于地层的沉积时代，因而将其解释为该套变质岩系的变质时限(见图4-6)。从区域上看，宗乃山-沙拉扎山构造带晚古生代末期-早中生代岩浆活动异常强烈，从野外可观察到该期岩浆岩与阿木山组呈侵入接触，因而岩浆活动产生的热效应可能是东德乌苏地区阿木山组发生变质作用的主要原因。从这个角度来看，东德乌苏地区阿木山组变质程度不一的变质岩系当为接触热力变质作用所形成的角岩。对于其余较老的锆石年龄值，则解释为源区年龄的信号，其锆石U-Pb同位素体系尚未被该期岩浆活动产生的热效应改造重置，仍保留了源区的年龄信息。

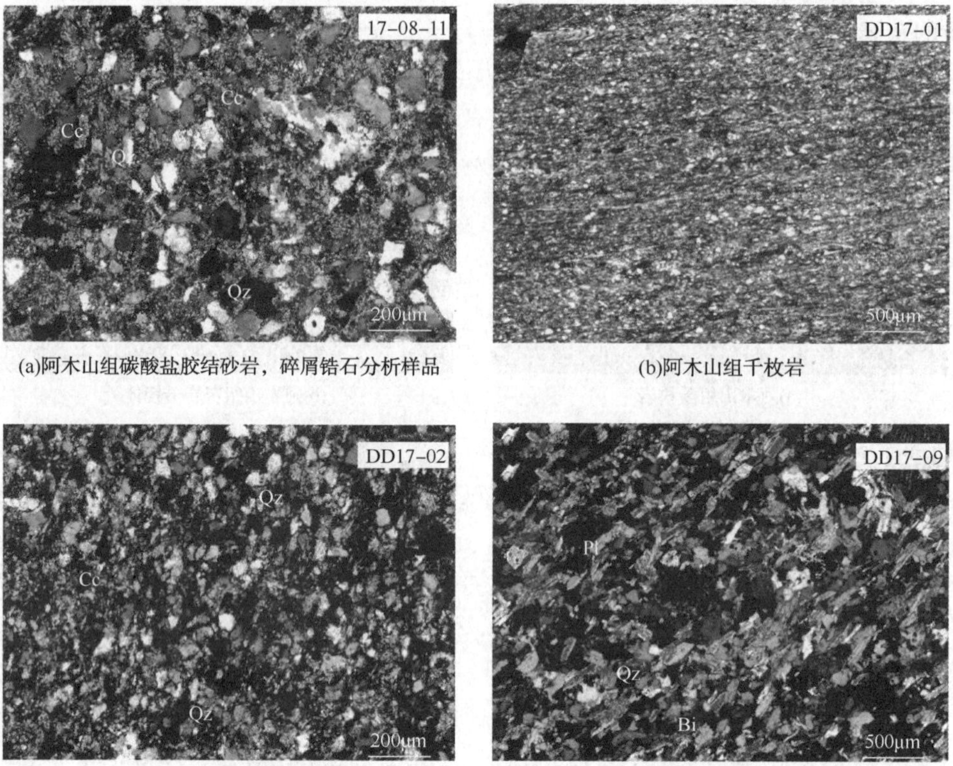

(a)阿木山组碳酸盐胶结砂岩，碎屑锆石分析样品　(b)阿木山组千枚岩

(c)阿木山组变余粉砂岩　(d)阿木山组黑云斜长石英片岩

图 4-5　东德乌苏地区阿木山组岩石显微特征

Qz—石英；Cc—方解石；Pl—斜长石；Bi—黑云母

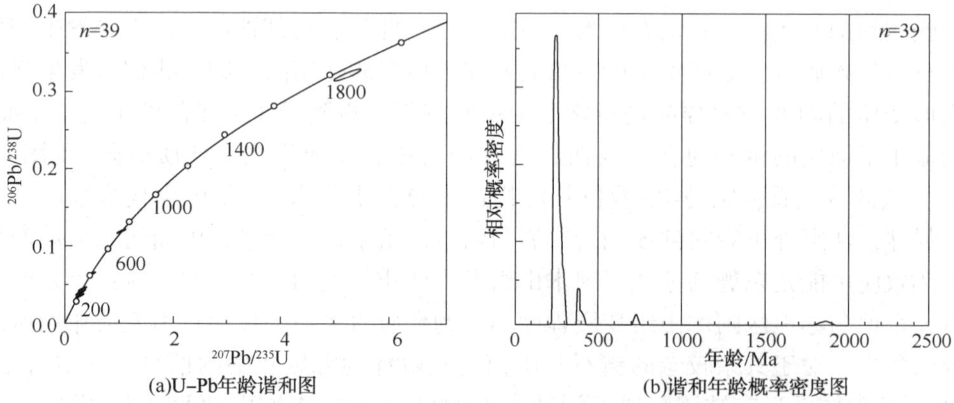

(a)U-Pb年龄谐和图　(b)谐和年龄概率密度图

图 4-6　东德乌苏地区阿木山组变质砂岩样品 YE17-64 锆石 U-Pb 测年结果

综合来看，东德乌苏地区阿木山组的岩石类型复杂多变，包括大理岩、灰岩、千枚岩、变质砂岩、砂岩、砾岩等。就这些变质岩的原岩而言，大理岩的原岩类型当为碳酸盐岩，而千枚岩与变质砂岩的原岩当为碎屑岩，故东德乌苏地区阿木山组的原始岩石组合当为碳酸盐岩与碎屑岩。据尹海泉(2016)对东德乌苏地区阿木山组的详细解剖，认为该区阿木山组下部为稳定的碳酸盐岩台地；向上陆源碎屑增加，并转变过渡为碎屑岩沉积，且砂岩中发育晶形较好的黄铁矿单矿物，表明水体深度较大、沉积环境属于还原环境。总体而言，东德乌苏地区的阿木山组为滨浅海相的碳酸盐岩-碎屑岩建造，沉积序列反映了区域构造环境由稳定向不稳定的转换。

3. 恩格尔乌苏地区

恩格尔乌苏地区的阿木山组主要出露于恩格尔乌苏和查干套海剖面，主要由火山-碎屑沉积岩组成，并且为火成岩体所侵入。从野外露头来看，阿木山组层序相对完整，沉积层序被断裂带分割为若干岩片；阿木山组下段主要由砂岩、变质砂岩、大理岩、糜棱岩组成；中段主要由砂岩、粉砂岩、凝灰岩、凝灰质砂岩、火山碎屑岩组成，具有深海浊积岩的特征，局部可见呈东西向展布与地层整合沉积的枕状玄武岩，且于紫红色火山碎屑岩中可见灰岩团块，红褐色的沉凝灰岩和粉砂岩内可见鲍马序列的 D-E 段，其上与一套浅水成因的粗碎屑岩呈不整合接触；上段主要由大理岩、火山岩、变质砂岩及含角砾凝灰熔岩组成(见图 4-7)。需要特别指出的是，该剖面阿木山组中段浊积岩上覆的粗碎屑岩含有丰富的化石，其中所含的腕足类化石具有冷水和暖水混生的特点，可与埋汗哈达组对比，时代属于中二叠世(卜建军等，2013)；阿木山组深海浊积岩与上覆的埋汗哈达组粗碎屑岩呈角度不整合接触，指示二者之间存在较大的构造环境变化。

恩格尔乌苏剖面的阿木山组中段由于夹有超基性岩、辉长岩、玄武岩及硅质岩(见图 4-8)，曾被解释为代表洋壳残留物的蛇绿岩套。Shi 等(2016)的野外工作表明，该套层序可能是深水沉积，而非俯冲增生作用形成的蛇绿混杂岩带，具体理由包括：①蛇纹岩稀缺，仅于狭窄的断裂带透镜体可观察到蛇纹岩遭受强烈风化形成的白色软黏土(见图 4-7)；黏土中包含一些块体，主要由角闪岩、石榴石二云母片岩、石英岩、玄武岩及凝灰质岩石，其两侧围岩为沉积层面清楚的火山-碎屑岩沉积序列，因此其可能为强烈风化的断层角砾岩，而非超基性岩强烈风化的产物。②枕状玄武岩与围岩整合产出，未表现出构造包体的特征，其更可能是火山-碎屑岩沉积序列的一部分，而非俯冲增生形成的构造包体。③含放射虫的硅质岩与砂岩、粉砂岩、砾岩、凝灰岩等互层产出，表明其并非深海远洋沉积的硅质岩，可能仅是海侵期凝缩层的沉积产物。综上所述，恩格尔乌苏地区阿木山组主体为深水背景下的火山-碎屑岩沉积组合，是形成于快速沉降构造背景下的沉积序列，其构造环境有待其他方面的深入研究。

(a)阿木山组深水浊积岩

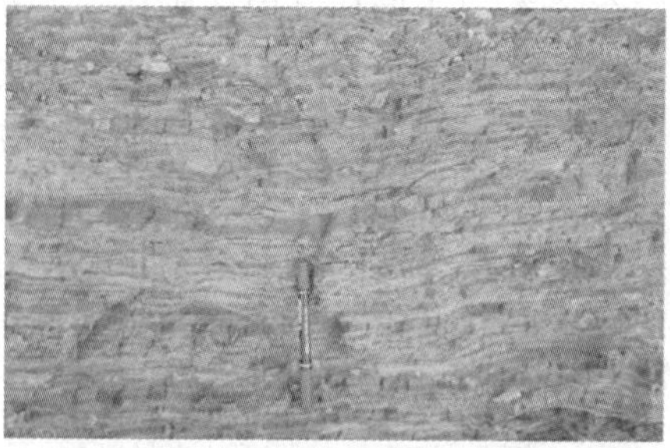

(b)阿木山组红褐色沉凝灰岩–粉砂岩互层沉积

(c)阿木山组深水火山碎屑岩、玄武岩、沉凝灰岩、粉砂岩与上覆浅水粗碎屑岩宏观特征

(d)阿木山组超基性岩风化形成的白色软黏土岩

(e)阿木山组枕状玄武岩

(f)阿木山组火山碎屑岩夹灰岩团块

(g)阿木山组火山碎屑岩夹灰岩团块

图 4–7 恩格尔乌苏地区阿木山组岩石野外露头特征

(a)阿木山组凝灰质砂岩，碎屑锆石分析样品

(b)阿木山组辉绿岩

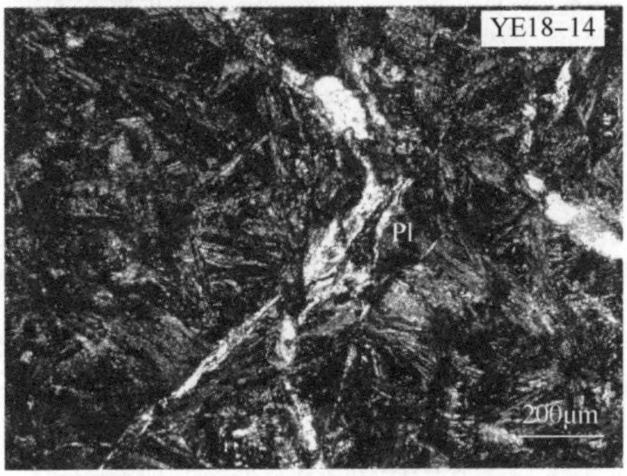

(c)阿木山组枕状玄武岩（强烈蚀变）

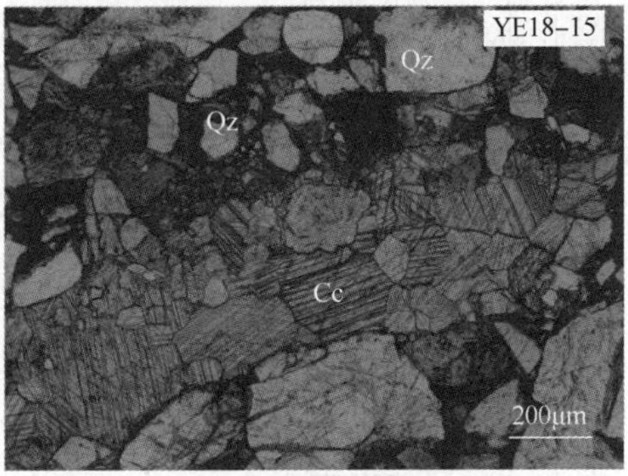

(d)阿木山组深水沉积序列上覆含砾粗砂岩，碎屑锆石分析样品

图 4-8　恩格尔乌苏阿木山组岩石显微特征

Qz—石英；Cc—方解石；Pl—斜长石；Lv—火山岩岩屑

除上述剖面外，宗乃山西南缘芒罕超克剖面和川吉哈达西剖面的阿木山组特别值得一提。这两个剖面皆位于巴丹吉林沙漠腹地，交通不便，根据实测剖面资料显示，其虽顶、底不全，但岩性均以泥岩、粉砂岩为主，且黑色泥岩厚度约40m，可作为潜在的烃源岩。因此，这两个剖面代表相对稳定的深水沉积环境，且表明阿木山组发育烃源岩层段。

从区域上看(见图 4-9)，阿拉善地块北缘阿木山组沉积期的构造背景较为活跃，沉积环境具有明显的分区性。具体而言，阿木山组沉积早期，恩格尔乌苏断裂以南主要发育滨浅海相混积的碎屑岩-碳酸盐岩序列，局部地区火山初始活动；沉积中期，区域构造作用增强，沿着区域深大断裂带发生火山活动，水体加深并在局部地区形成黑色页岩；嗣后，构造活动减弱，发育浅海相碳酸盐岩夹火山岩、碎屑岩。相比之下，恩格尔乌苏一带的阿木山组则主要表现为快速沉降背景下沉积的火山-碎屑岩建造，具有深海沉积的特点，且与上覆的埋汗哈达组浅海相碎屑岩呈角度不整合接触，表明阿木山组沉积后、埋汗哈达组沉积前该区构造环境发生了重大转变。需要特别指出的是，阿木山组各剖面岩石地层单元对比较为困难，这主要是由于在强烈的活动构造环境下，不同构造位置的沉积相与岩石组合变化极快，但生物地层学研究显示这些地层具有相同的沉积时代。

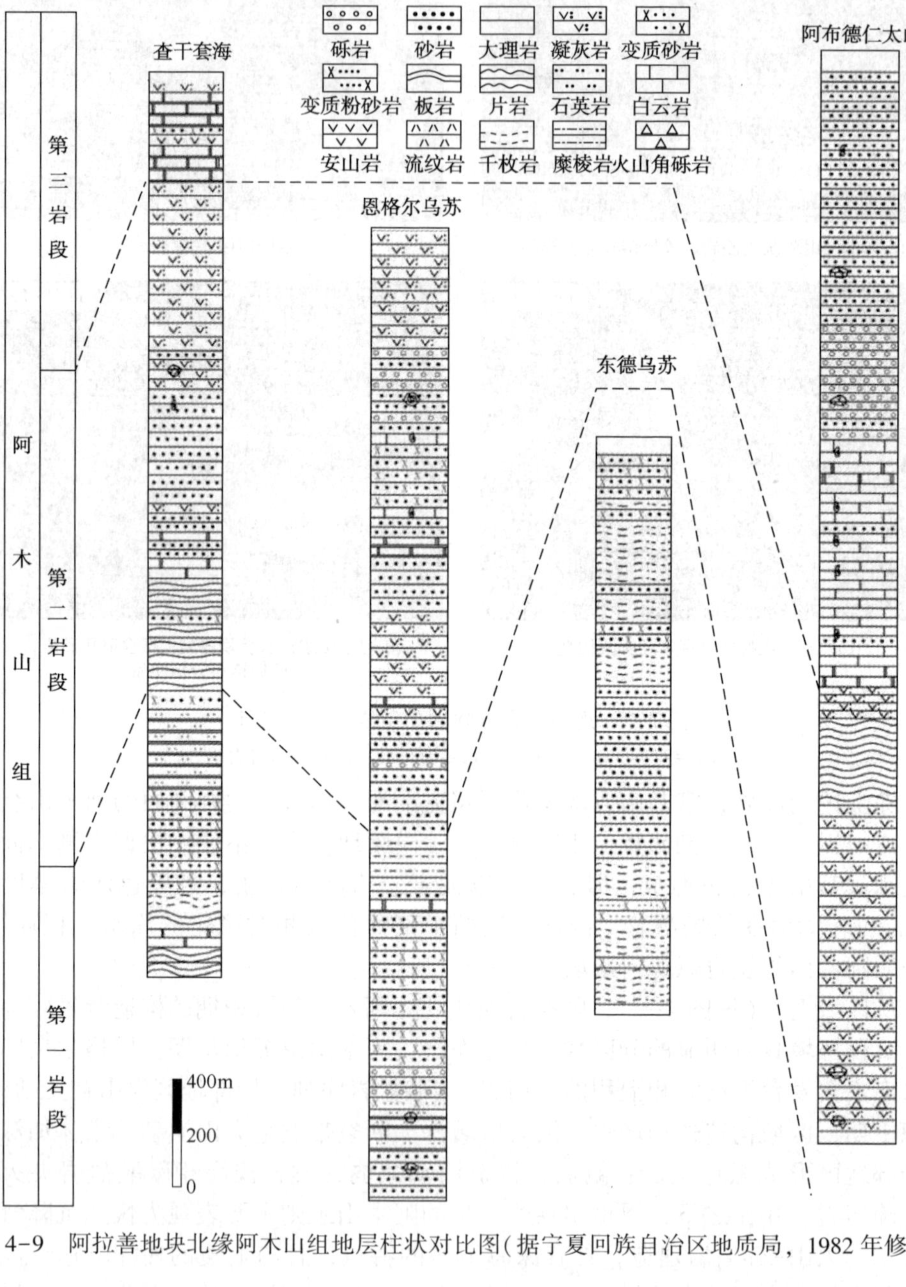

图 4-9　阿拉善地块北缘阿木山组地层柱状对比图（据宁夏回族自治区地质局，1982 年修编）

二、埋汗哈达组(P_2m)

埋汗哈达组的沉积时代为中二叠世早期，其在北山等地区称为双堡塘组，二者均属于异地不同名地层。阿拉善地块北缘的埋汗哈达组在恩格尔乌苏断裂两侧皆有分布，大面积出露于珠斯楞-杭乌拉构造带。此外，根据生物地层学研究，恩格尔乌苏地区的阿木山组之上发育富含生物化石的埋汗哈达组(卜建军等，2013)，且二者呈不整合接触。

1. 杭乌拉剖面

杭乌拉剖面的埋汗哈达组出露较为完整，层序旋回清楚，生物化石丰富。根据岩性特征，可分为3个岩性段：下部为碎屑岩段，其与奥陶系呈断层接触，岩性以厚层砂岩、含砾砂岩、薄层状泥岩为主，局部夹磨圆较好的复成分砾岩透镜体及青灰色薄层泥晶灰岩；中部为碳酸盐岩段，其与上、下岩性段整合接触，岩性主要为生屑灰岩、砂砾屑灰岩、泥晶灰岩和硅质岩等，含有丰富的海百合茎、珊瑚与腕足化石；上部为碎屑岩段，顶部与上覆的阿其德组整合接触，岩性主要为砂岩、粉砂岩，并夹有泥灰岩、砾岩(见图4-10)。

(a)埋汗哈达组砂岩

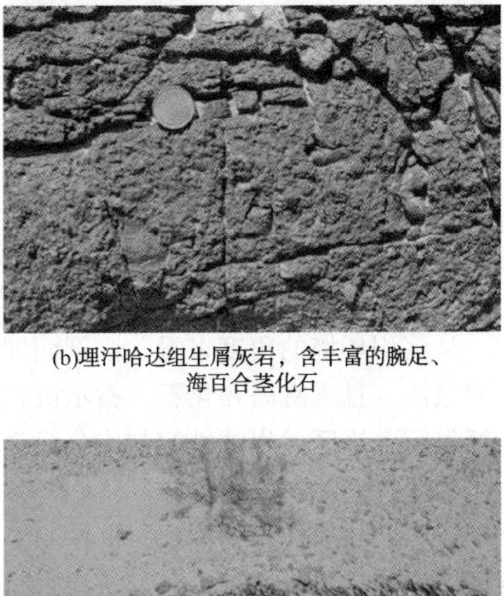

(b)埋汗哈达组生屑灰岩，含丰富的腕足、海百合茎化石

(c)埋汗哈达组磨圆度较好的砾岩

(d)埋汗哈达组灰黑色粉砂质页岩

图4-10　阿拉善地块北缘埋汗哈达组野外露头特征

(e)二叠系埋汗哈达组与志留系呈角度不整合接触

(f)埋汗哈达组灰岩透镜体

(g)埋汗哈达组黑灰色页岩

(h)埋汗哈达组黑灰色页岩

图 4-10 阿拉善地块北缘埋汗哈达组野外露头特征(续)

从沉积环境的角度来看，该剖面埋汗哈达组下部与上部碎屑岩段皆夹有若干灰岩层段，且含有海相化石，指示沉积环境属于海相。碎屑岩段的砂岩显微镜下特征显示，该区砂岩的结构与成分成熟度均较低，暗示物源区较近、搬运距离不远。需要特别注意的是，样品 YE17-61 含有较多的沉积岩岩屑，表明其具有再循环沉积的物质作为物源(见图 4-11)。此外，该剖面中部的碳酸盐段含有丰富的底栖生物化石，反映当时具备浅水、温暖的古地理环境。综合来看，杭乌拉剖面的埋汗哈达组沉积于滨浅海环境。需要特别指出的是，古生物研究表明，杭乌拉剖面的埋汗哈达组发育腕足动物群，且其具有北方冷水动物和南方暖水动物混生的特点(卜建军等，2011)。

2. 埋汗哈达剖面

埋汗哈达剖面是埋汗哈达组的建组剖面，野外露头可观察到埋汗哈达组与下

(a)埋汗哈达组凝灰质砂岩，碎屑锆石分析样品

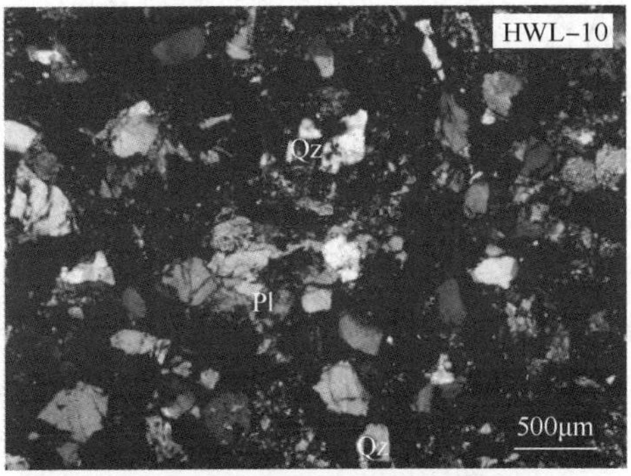

(b)埋汗哈达组碳酸盐胶结岩屑砂岩

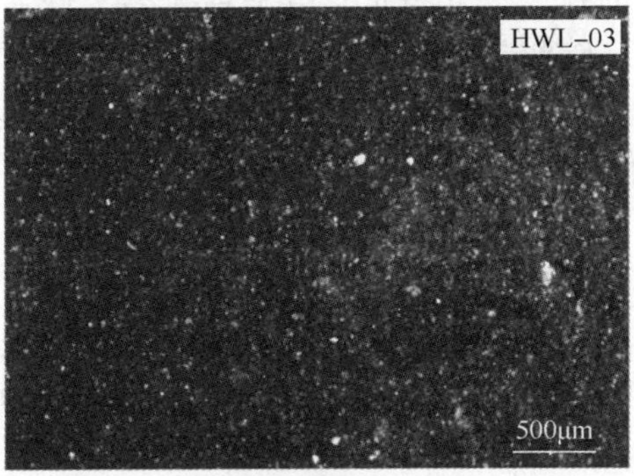

(c)埋汗哈达组泥晶灰岩

(d)埋汗哈达组生屑灰岩

(e)埋汗哈达组岩屑砂岩，碎屑锆石分析样品

(f)埋汗哈达组岩屑砂岩，碎屑锆石分析样品

图 4-11　阿拉善地块北缘埋汗哈达组岩石显微特征

Qz—石英；Lv—火山岩岩屑；Ls—沉积岩岩屑；Pl—斜长石；Mf—生物碎屑

伏志留系呈角度不整合接触，且发育底砾岩；其顶部与上覆的阿其德组整合接触（见图 4-10）。该剖面的埋汗哈达组以碎屑岩与碳酸盐岩互层为特征。具体而言，

剖面底部砾岩的砾石呈棱角状，大小不一，岩性与下伏岩层相近，显示出底砾岩的特征，向上过渡为砂泥岩；剖面中部的岩性主要为灰岩、泥页岩、砂岩，灰岩含丰富的生物化石，以海百合茎和腕足类为最多；剖面上部主要为砂岩、粉砂质泥岩，夹有灰岩透镜体(见图 4-10)。

埋汗哈达剖面从整体上表现出碎屑岩与碳酸盐岩混积的特征；与杭乌拉剖面类似，剖面中部主要为生屑灰岩，生物化石以滨浅海相的底栖生物为主。因此，该剖面的埋汗哈达组也应沉积于滨浅海环境。需要特别说明的是，该剖面中部发育多层黑色泥页岩，构成阿拉善地块北缘上古生界重要的烃源岩层系(见图 4-10)。

从区域上看(见图 4-12)，阿拉善地块北缘的埋汗哈达组表现出碎屑岩-碳酸盐岩-碎屑岩的沉积序列，具有粗-细-粗的粒度变化特征。碎屑岩砾岩、砂岩、泥岩俱全，且物源区较近、搬运距离不远；碳酸盐岩富含滨浅海相的生物化石。这些特征反映埋汗哈达组沉积于构造相对稳定的滨浅海相环境，其间的岩性变化主要受控于海平面、物源供给以及气候条件的变化。

三、阿其德组(P_2a)

阿其德组的沉积时代为中二叠世中晚期，其与下伏的埋汗哈达组连续沉积。阿拉善地块北缘阿其德组的出露范围与埋汗哈达组大体一致，主要出露于珠斯楞-杭乌拉构造带。

1. 杭乌拉剖面

杭乌拉剖面的阿其德组与下伏埋汗哈达组整合接触，顶部被第四系覆盖。该剖面阿其德组可分为两个岩性段：下岩性段以碎屑岩为主，岩石类型主要为砂岩、粉砂岩、凝灰质砂岩，并夹有薄层泥岩、灰岩透镜体，灰岩透镜体富含腕足、海百合、菊石等海相化石；上岩性段以火山岩为主，夹碎屑岩与灰岩透镜体，火山岩岩性主要为英安岩、流纹岩、安山岩等(见图 4-13、图 4-14)。

杭乌拉剖面显示阿其德组沉积早期区域构造环境较为稳定，沉积了一套滨浅海相的碎屑岩建造；晚期区域构造环境较为活跃、火山作用强烈，主要沉积了一套海相火山碎屑岩建造。

2. 埋汗哈达地区

埋汗哈达地区的阿其德组出露较好，与下伏的埋汗哈达组整合接触，主要由碎屑岩和中基性火山岩组成，野外主要观察了埋汗哈达剖面和阿其德海尔罕剖面。

埋汗哈达剖面主要观察阿其德组下岩段，岩石类型以砂岩、粉砂岩为主，间夹灰岩、火山碎屑岩等，灰岩含腕足、双壳等海相化石。阿其德海尔罕剖面主要

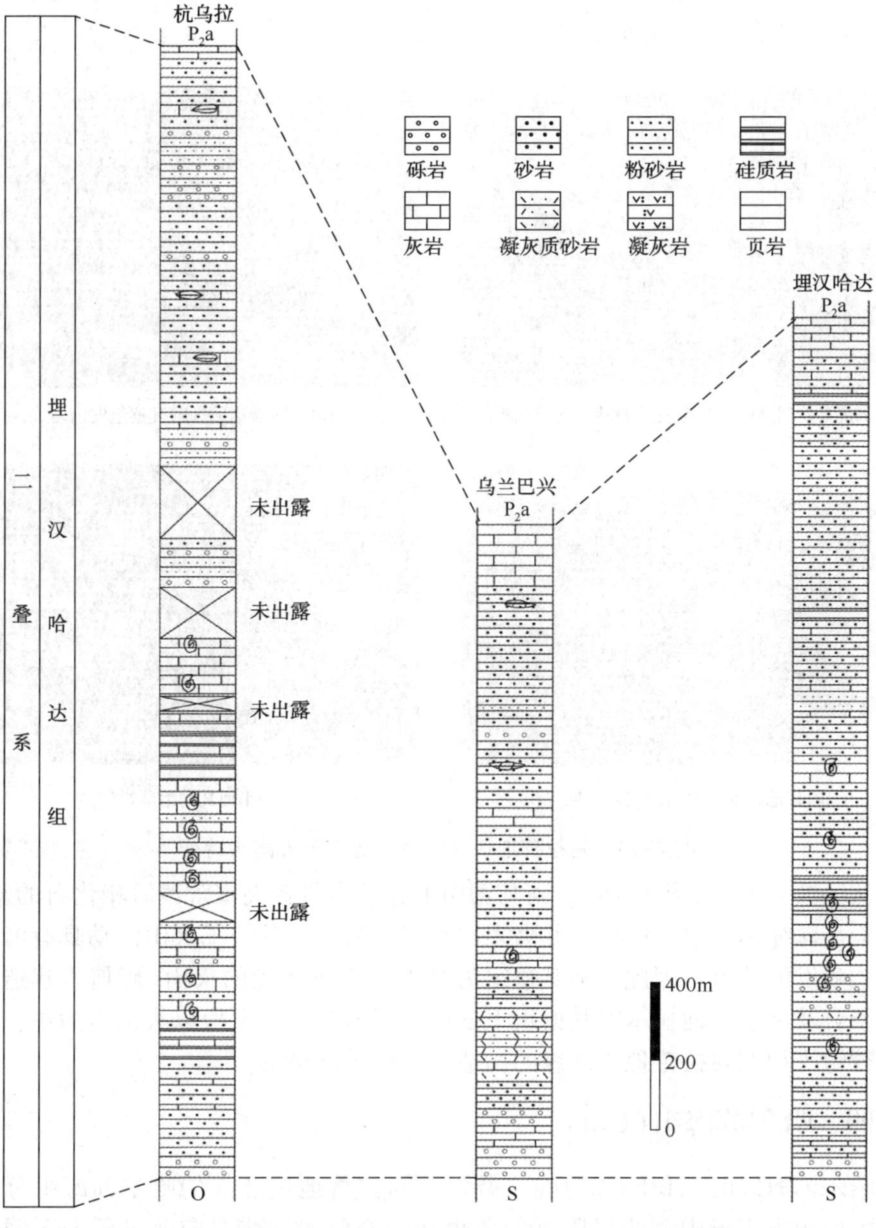

图 4-12　阿拉善地块北缘埋汗哈达组地层柱状对比图

（据宁夏回族自治区地质局，1982 年修编）

观察阿其德组上岩段，岩石类型主要为安山岩、英安岩、玄武岩等(见图 4-14)，夹砂砾岩、灰岩，灰岩含腕足、菊石、海百合等海相化石(见图 4-13、图 4-

14）。这些特征反映埋汗哈达地区的阿其德组与杭乌拉剖面类似，主体为一套沉积于滨浅海相的火山-碎屑岩建造。

(a)杭乌拉剖面砂岩与凝灰质粉砂岩互层沉积　(b)埋汗哈达地区阿其德组安山岩

(c)阿其德组安山岩与碎屑岩互层沉积　(d)阿其德组砾岩

图 4-13　阿拉善地块北缘阿其德组野外露头特征

从区域上看（见图 4-15），阿其德组上、下岩段皆夹富含浅海相化石的灰岩；火山岩呈深绿色、层状产出，并夹多层砂岩、灰岩，反映了火山活动具有海相水下幕式喷发的特点。因此，阿其德组为沉积于浅海环境的火山-碎屑岩建造，且岩石组合及沉积序列显示阿其德组下段以碎屑岩为主、上段以火山岩为主，指示阿其德组沉积期阿拉善地块北缘的构造活动性不断增强。

四、哈尔苏海组（P_3h）

哈尔苏海组的沉积时代为晚二叠世，阿拉善地块北缘的哈尔苏海组分布广泛，大面积出露于中蒙边界附近的蒙根乌拉至雅干一带，向北可延伸至蒙古国境内。

1. 蒙根乌拉地区

蒙根乌拉地区的哈尔苏海组以碎屑岩为主，岩性主要为砂岩、粉砂岩、泥

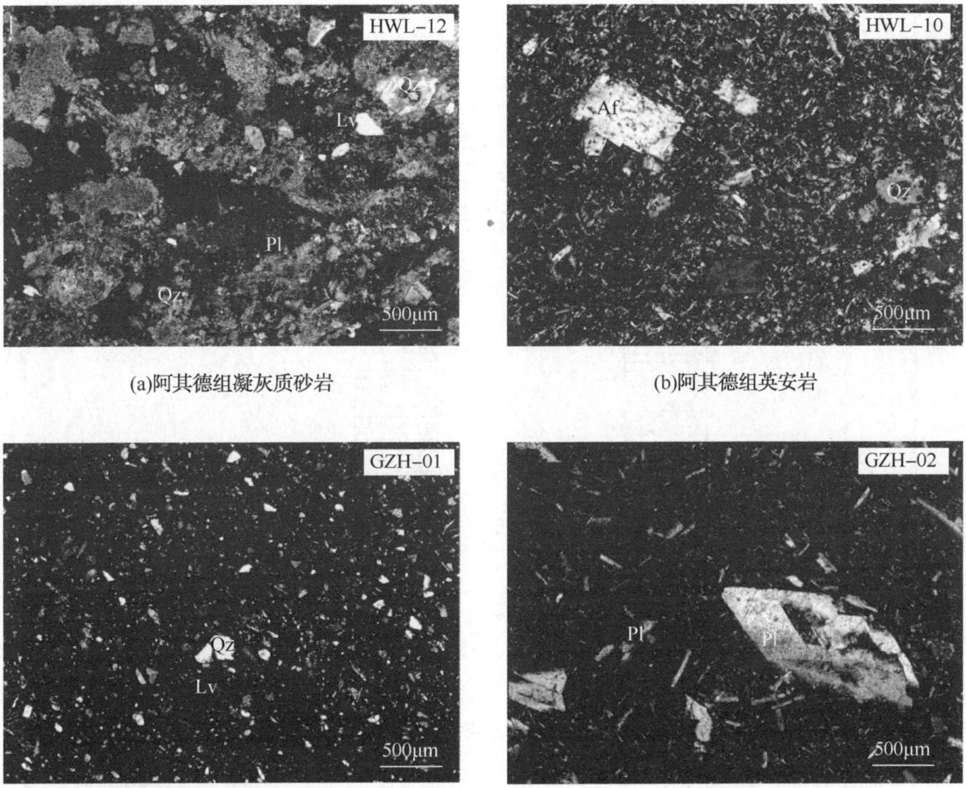

(a)阿其德组凝灰质砂岩　(b)阿其德组英安岩

(c)阿其德组含角砾凝灰岩　(d)阿其德组安山岩

图 4-14　阿拉善地块北缘阿其德组岩石显微特征

Qz—石英；Lv—火山岩岩屑；Pl—斜长石；Af—碱性长石

岩，夹有砾岩、灰岩透镜体(见图 4-16)，砂岩中发育平行层理、交错层理等沉积构造，且于粉砂岩层面可见虫迹化石。

从区域上看，蒙根乌拉地区的哈尔苏海组碎屑岩属于哈尔苏海组的上岩组。以往研究认为该套巨厚的砂泥岩为深水复理石沉积建造，但从其沉积构造、虫迹化石以及所夹灰岩透镜体来看，这套碎屑岩沉积于水体较浅的滨浅海环境。

2. 雅干地区

雅干东部地区嘎顺扎德盖剖面、呼和音乌苏剖面、尼除滚哲勒德北剖面和嘎顺陶来剖面的哈尔苏海组出露相对较全。哈尔苏海组可分为两个岩性段：下岩性段主要为砾岩、砂质灰岩、砂岩、沉凝灰岩；上岩性段主要为砂岩、粉砂岩、页岩，夹砂砾岩、灰岩透镜体。嘎顺扎德盖剖面哈尔苏海组下岩性段的碎

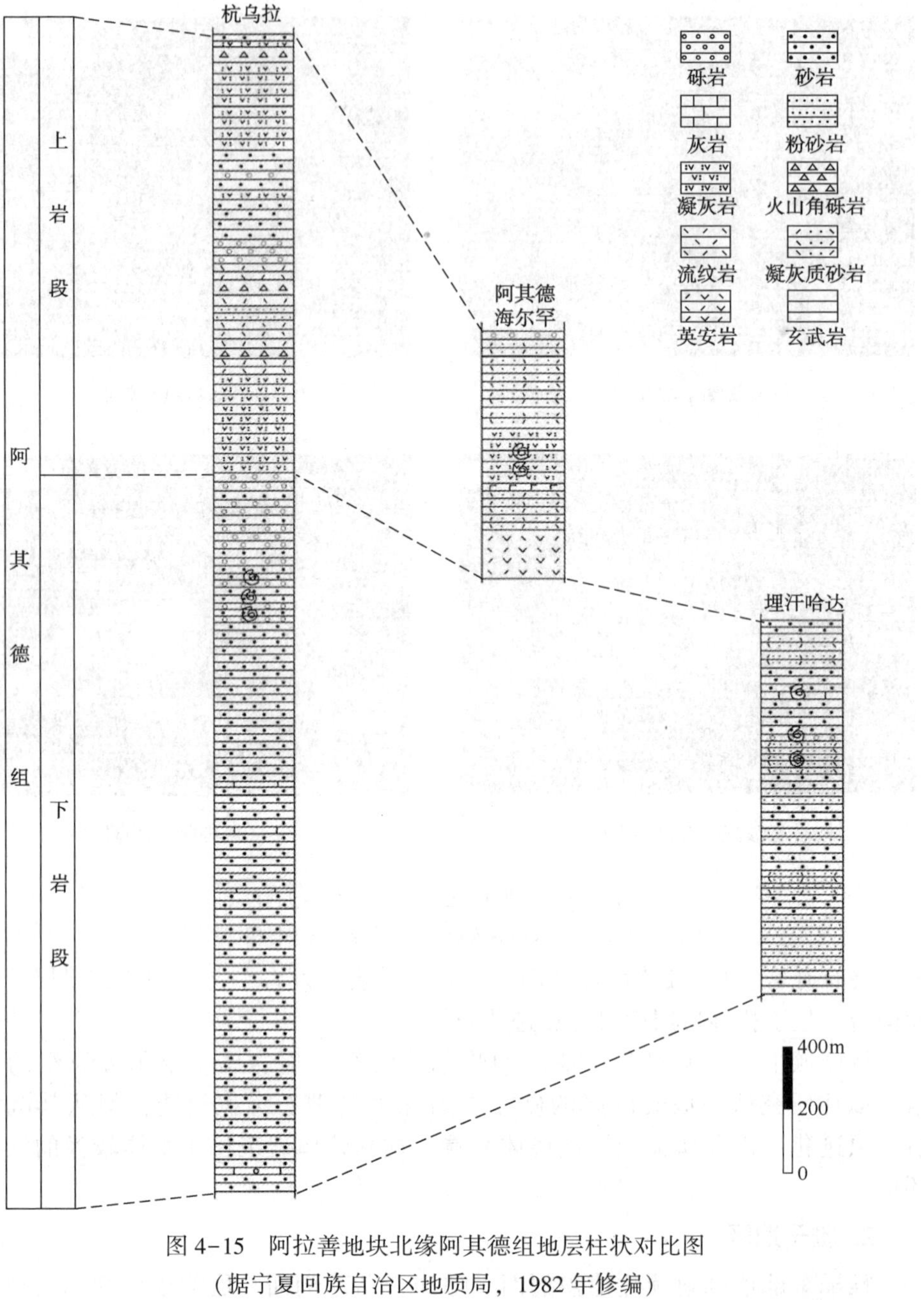

图 4-15　阿拉善地块北缘阿其德组地层柱状对比图
（据宁夏回族自治区地质局，1982 年修编）

屑岩可见波痕构造与虫迹化石(见图 4-16)，且砂岩含有晶形较好的黄铁矿单矿物。

(a)蒙根乌拉地区哈尔苏海组砂泥岩互层沉积，泥岩劈理化

(b)蒙根乌拉地区哈尔苏海组砾岩

(c)嘎顺扎德盖剖面哈尔苏海组波痕构造

(d)嘎顺扎德盖剖面哈尔苏海组虫迹化石

(e)阿尔嘎顺地区哈尔苏海组变形变质特征

(f)雅干地区哈尔苏海组富含石英脉体，形成硅帽

(g)雅干地区哈尔苏海组富含石英脉体，形成硅帽

(h)黑石山西侧哈尔苏海组中酸性火山岩与碎屑岩互层沉积

图 4-16　阿拉善地块北缘哈尔苏海组岩石野外露头特征

雅干南部阿尔嘎顺一带的哈尔苏海组变形变质较为强烈，岩石劈理发育，可见到粗糜棱岩、千糜岩等动力变质岩(见图 4-17)；未变形变质的岩石内可见大量的石英脉体，在区域上构成硅帽。黑石山西侧哈尔苏海组的下岩性段可见中酸性火山岩与碎屑岩互层沉积(见图 4-16)，表明区域构造环境不甚稳定，在碎屑岩沉积的同时有火山活动，喷发沉积了中酸性火山碎屑岩与熔岩。

(a)哈尔苏海组凝灰质砂岩，碎屑锆石分析样品

(b)哈尔苏海组碳酸盐胶结砂岩

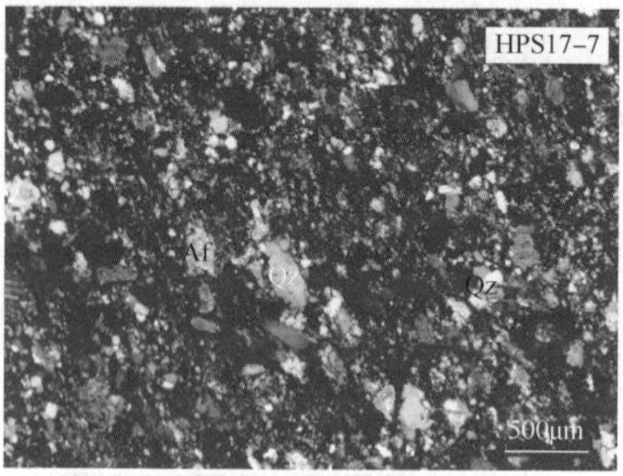

(c)哈尔苏海组粗糜棱岩

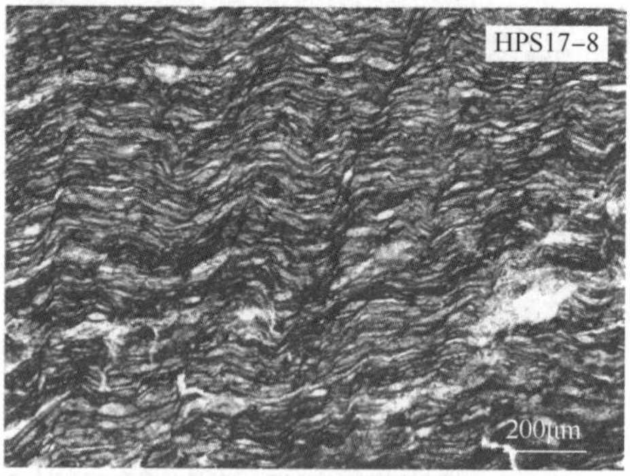

(d)哈尔苏海组千糜岩

图 4-17 阿拉善地块北缘哈尔苏海组岩石显微特征

Qz—石英；Pl—斜长石；Af—碱性长石

总体来看，雅干地区哈尔苏海组的岩石组合与沉积特征表明，下岩性段沉积于滨浅海环境，局部存在火山活动，发育海相火山碎屑岩；上岩性段以砂岩为主，夹有多层砾岩，并产出植物化石，表明其沉积于海陆过渡相环境。另外，雅干地区哈尔苏海组上岩性段所含的多层黑色页岩是该区上古生界潜在的烃源岩层系。

从区域上看(见图 4-18)，阿拉善地块北缘哈尔苏海组下岩性段主要由碎屑岩组成，夹有灰岩透镜体，局部发育海相火山岩，且砂岩含有晶形较好的黄铁矿单矿物，表明其沉积于半还原的浅海环境；上岩性段主体为碎屑岩建造，其内既有海相的波痕沉积构造，又产出较多的植物化石，反映了海陆交替的沉积环境。

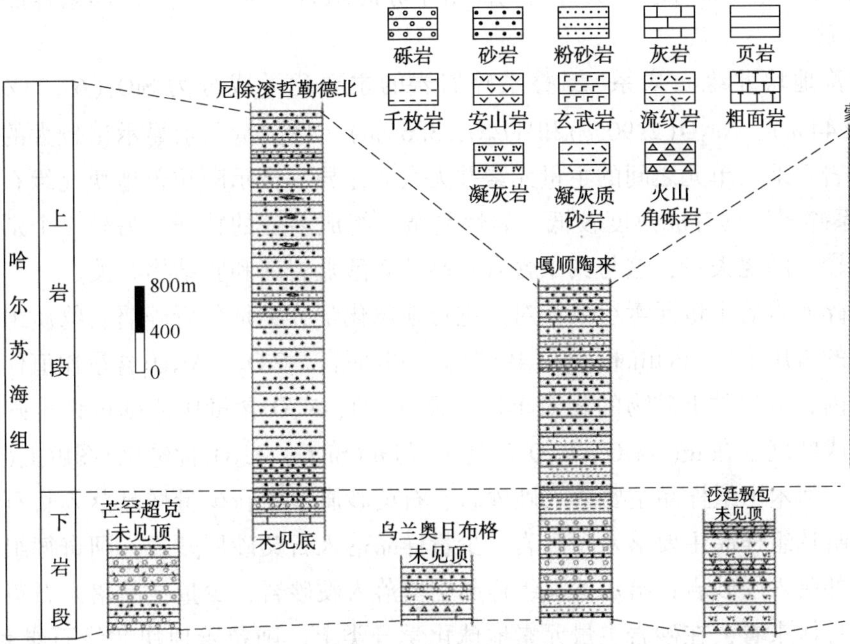

图 4-18　阿拉善地块北缘哈尔苏海组地层柱状对比图

（据宁夏回族自治区地质局，1982 年修编）

第 2 节　元素地球化学特征

硅质碎屑沉积岩的化学组成忠实地记录了源区物质组成、沉积过程、沉积环境以及区域构造背景等重要信息(Jian 等，2013；赵振华，2016)。目前，硅质碎屑岩的主量、微量及稀土元素分析已被广泛用于定量研究物源特征、沉积作用以及区域构造环境等。本节通过阿拉善地块北缘石炭系-二叠系碎屑岩的元素地球化学分析，试图为沉积物源及区域构造环境提供制约信息。

一、样品与实验结果

阿拉善地块北缘石炭系-二叠系碎屑岩主要出露于宗乃山-沙拉扎山构造带

和珠斯楞-杭乌拉构造带，因而阿木山组样品主要采自宗乃山-沙拉扎山构造带的恩格尔乌苏剖面、东德乌苏剖面、尚丹剖面和路登剖面，埋汗哈达组、阿奇德组和哈尔苏海组样品主要采自珠斯楞-杭乌拉构造带的杭乌拉剖面、蒙根乌拉剖面、埋汗哈达剖面和灰石山剖面。总共采集样品 40 件，其中阿木山组 16 件、埋汗哈达组 7 件、阿奇德组 5 件、哈尔苏海组 12 件，样品以砂岩为主，除东德乌苏剖面阿木山组和灰石山剖面哈尔苏海组含变质砂岩外，其余样品均未发生变质。

阿拉善地块北缘石炭系-二叠系碎屑岩的主要化学成分为 SiO_2(69.23%)、Al_2O_3(12.44%)、Na_2O(2.90%)和$^TFe_2O_3$(3.68%)，且主量元素显示出较大的浮动，但各岩石地层单元之间的主量元素并无太大差异，指示阿拉善地块北缘石炭系-二叠系碎屑岩具有成熟度较低、岩性复杂、组成多变的特征。另外，个别样品显示出较高的烧失量，这与其中含有较高的碳酸盐岩屑和胶结物有关。

根据碎屑岩的主量元素组成，对其进行地球化学分类是分析碎屑岩物质组成与成熟度的常用手段(Pettijohn 等，1987)。一般而言，SiO_2、Al_2O_3含量比值代表了碎屑岩内石英与黏土矿物的相对丰度，而 Na_2O、K_2O 含量比值则可评价碎屑岩的化学成熟度。在 lg(Na_2O、K_2O 含量比)与 lg(SiO_2、Al_2O_3含量比)图解上(见图 4-19)，阿木山组样品主要落入硬砂岩、石英砂屑砂岩，少量样品落入长石砂岩；埋汗哈达组样品主要落入硬砂岩，少量样品落入石英砂屑砂岩；阿奇德组样品几乎全部落入硬砂岩；哈尔苏海组样品主要落入硬砂岩，少量样品落入石英砂屑砂岩。总体来看，在砂岩主量元素地球化学分类上，阿拉善地块北缘石炭系-二叠系碎屑岩主体属于硬砂岩和石质砂屑砂岩，表明其化学成熟度变化较大，稳定石英的相对丰度较小。这一地球化学特征与岩相学所观察到的高丰度岩屑含量相契合，且暗示该区的碎屑岩受后期成岩作用影响小，沉积期搬运距离较短、埋藏快速，显示沉积期研究区具有较为动荡的构造环境。

从稀土和微量元素的角度看(见图 4-20)，阿拉善地块北缘石炭系-二叠系碎屑岩的稀土总量 $\sum$REE 为 65.36~217.12ppm，变化范围较大，平均为 124.61ppm，略低于北美页岩的稀土总量(173.2ppm)。各岩石地层单元的稀土总量没有系统性的变化规律，但在球粒陨石标准化配分模式图上，所有样品均表现出一致的稀土配分模式，且与上地壳的稀土配分模式具有较高的相似性，呈现出明显的轻稀土富集[$(La:Yb)_N$ 为 4.26~12.39]，重稀土比较平坦，并伴有明显的铕异常系数 δEu 负异常(δEu 为 0.50~0.84)。另外，与稀土元素类似，各岩石地层单元的微量元素含量同样没有系统性的变化规律。在微量元素

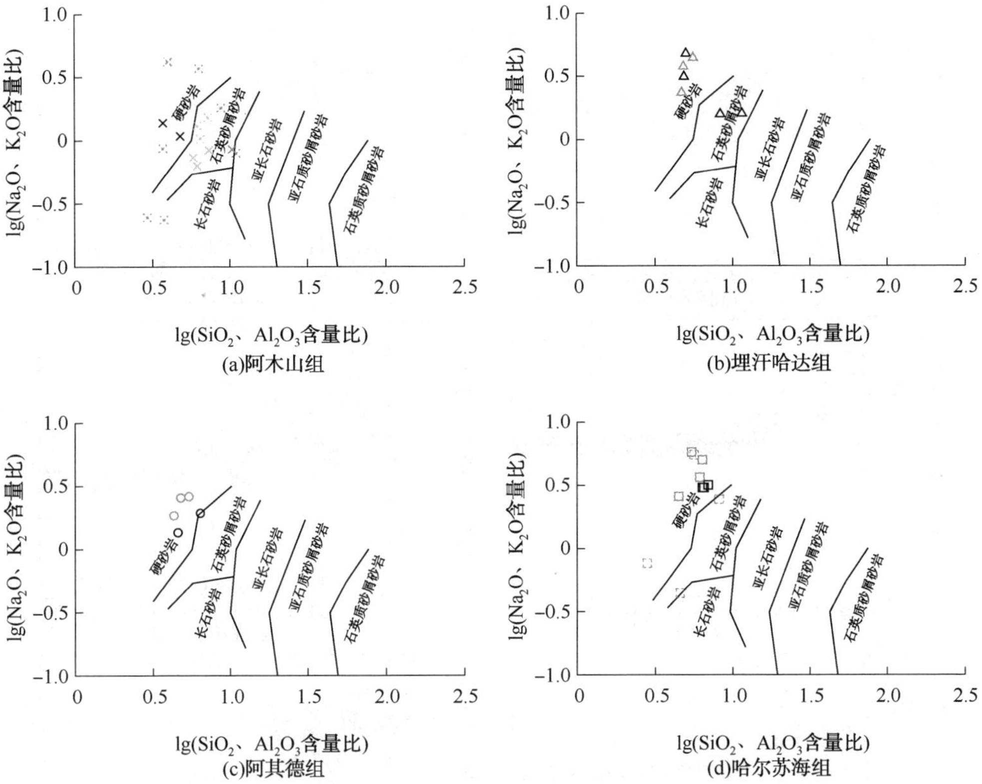

图 4-19　阿拉善地块北缘石炭–二叠系碎屑岩地球化学分类

主量元素砂岩地球化学分类底图据 Pettijohn 等(1987)

原始地幔标准化蛛网图上，所有样品显示出较为一致的配分模式，大部分样品的 Ba、Nb、Ta、Sr、Ce、P、Ti 等元素都表现为相对亏损的特征，Th、U、K、Pb、Nd、Zr、Hf 等元素则相对富集，这一特征与上地壳的微量元素配分模式具有较好的一致性。

二、源区风化作用及沉积分选

碎屑岩的元素地球化学组成除了受源区物质组成影响外，还受到诸多外生地质作用的影响，譬如化学风化作用、沉积搬运分选作用等(Jian 等，2013；赵振华，2016)。因而，在利用元素地球化学数据分析解释碎屑岩源区物质组成之前，必须对其化学风化作用与沉积搬运分选作用等进行分析评价。

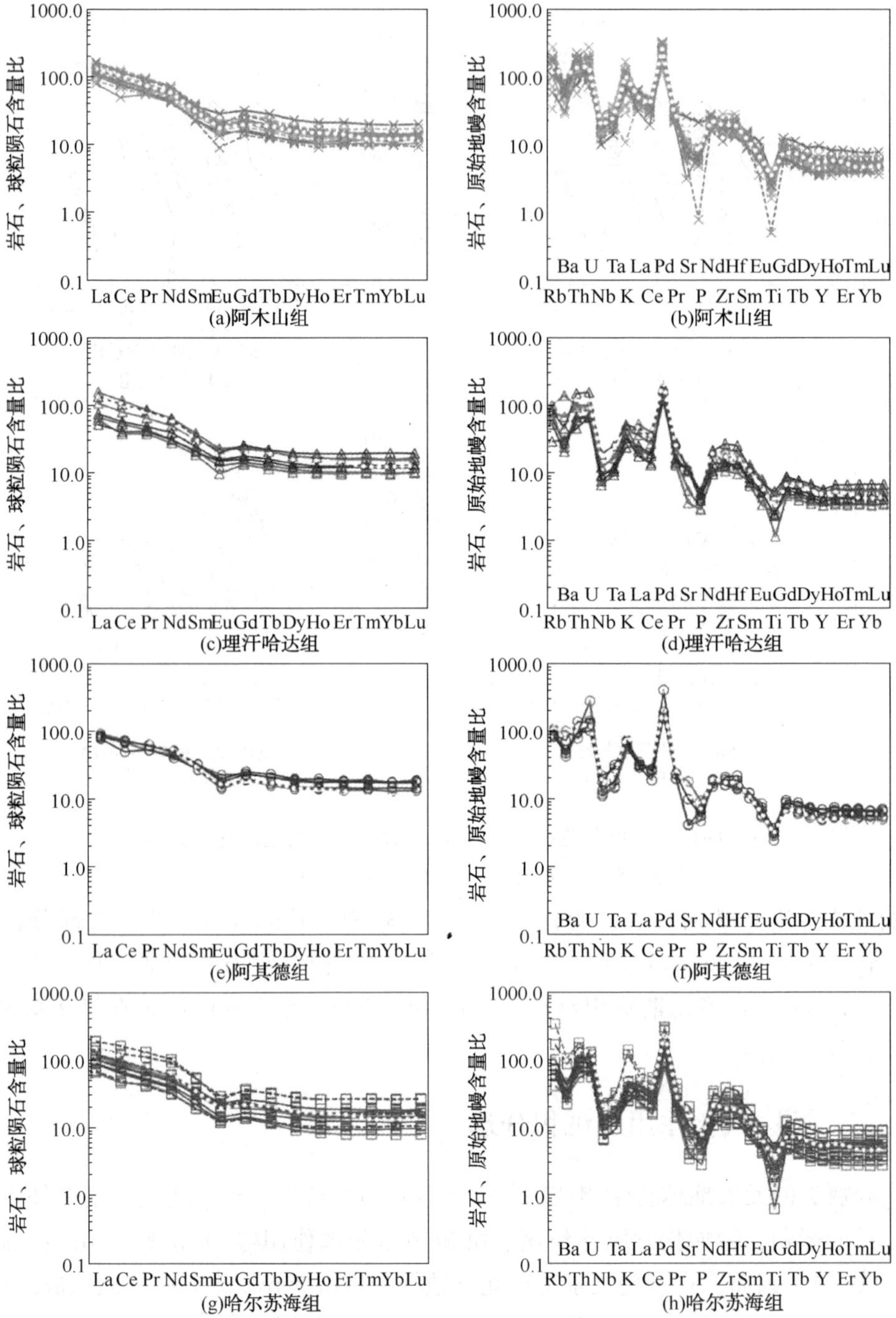

图 4-20 阿拉善地块北缘石炭系-二叠系稀土元素球粒陨石标准化配分模式图和微量元素原始地幔标准化蛛网图

球粒陨石和原始地幔标准化数据据 Sun、McDonough(1989)

研究显示，化学蚀变指数(CIA)、斜长石蚀变指数(PIA)、成分变异指数(ICV)及相关微量元素指标均可以示踪化学风化和沉积分选等地质作用。化学蚀变指数是定量评价碎屑岩源区风化强度的重要参数(赵振华，2016)。一般而言，未经风化的岩浆岩，其CIA值为40~50；低等-中等风化的源区，其CIA值为50~70；当CIA值大于80时，则反映碎屑岩的源区经历了强烈的化学风化作用。成分变异指数是评价碎屑岩成分成熟度和再循环的重要参数。在通常情况下，低ICV值(<1)的碎屑岩含有大量蚀变交代成因的黏土矿物，被认为是稳定环境、再循环沉积的高成熟度碎屑岩；反之，高ICV值(>1)的碎屑岩则含有较多的未被蚀变交代的造岩矿物，被认为是活动构造背景下、初次循环沉积的低成熟度碎屑岩。斜长石蚀变指数是定量评价斜长石风化蚀变的重要指数，通常未经风化的新鲜岩石样品的PIA值为50，而黏土矿物具有高PIA值，如高岭石、伊利石等的PIA值接近100。在相关指数计算过程中，所使用的CaO含量仅指硅酸盐部分的CaO含量。由于碎屑岩的CO_2数据难以测试获取，故不易准确获得硅酸盐部分的CaO含量，我们在计算过程中采用如下假设：如果CaO的实测摩尔分数小于Na_2O，则采用CaO的实测摩尔分数作为硅酸盐部分的CaO含量进行计算；反之，如果CaO的实测摩尔分数大于Na_2O，则采用Na_2O的实测摩尔分数作为硅酸盐部分的CaO含量进行计算(Jian等，2013)。

阿拉善地块北缘石炭系-二叠系碎屑岩样品的CIA值大部分小于70，仅有2个样品的CIA值大于70，表明该区石炭系-二叠系碎屑岩的源区化学风化作用整体较弱(见图4-21)。另外，石炭系-二叠系碎屑岩样品的ICV值大都大于1.0，仅少量样品的ICV值小于1.0，表明其主要为低等-中等成熟度的碎屑岩，且源区物质经历了较弱的化学风化作用。对于PIA值而言，阿拉善地块北缘石炭系-二叠系碎屑岩的PIA值较低(45~88，平均值为59)，同样显示石炭系-二叠系碎屑岩的源区物质比较新鲜，其内的斜长石经历较弱的风化蚀变作用。此外，Al_2O_3-($CaO+Na_2O$)-K_2O(A-CN-K)三角图解(见图4-21)显示，阿拉善地块北缘阿木山组碎屑岩的源区物质主要为花岗闪长岩，且含有少量花岗岩和英云闪长岩；埋汗哈达组、阿其德组及哈尔苏海组的源区物质主要为英云闪长岩和花岗闪长岩；这些源区物质普遍经历较弱的化学风化作用和成岩作用改造。

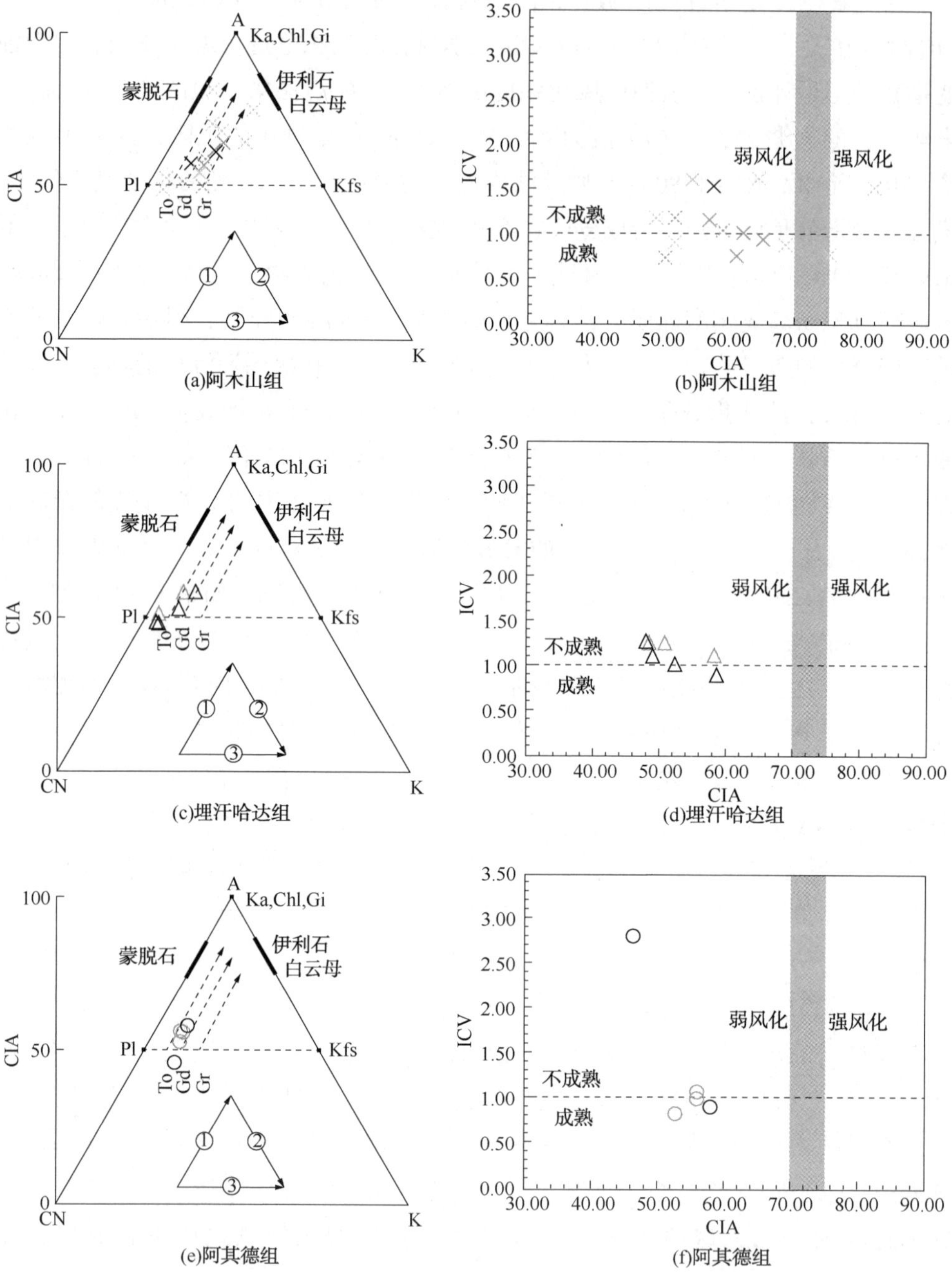

图 4-21　阿拉善地块北缘石炭系-二叠系风化特征地球化学图解

A-CN-K 图解据 Nesbitt、Young（1984，1989）；

ICV-CIA 图解据 Nesbitt、Young（1984）和 Cox 等（1995）

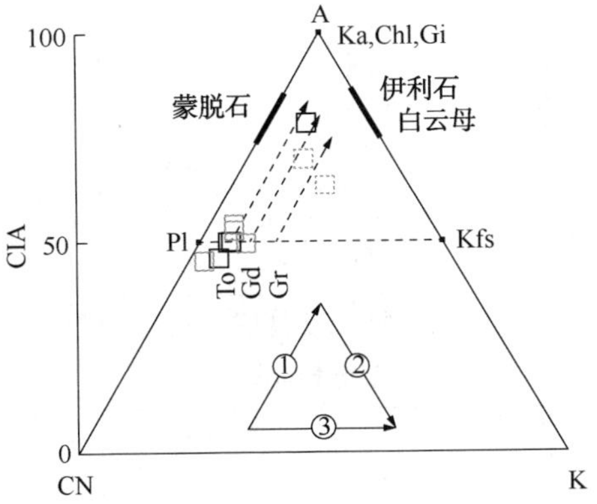

(g)哈尔苏海组

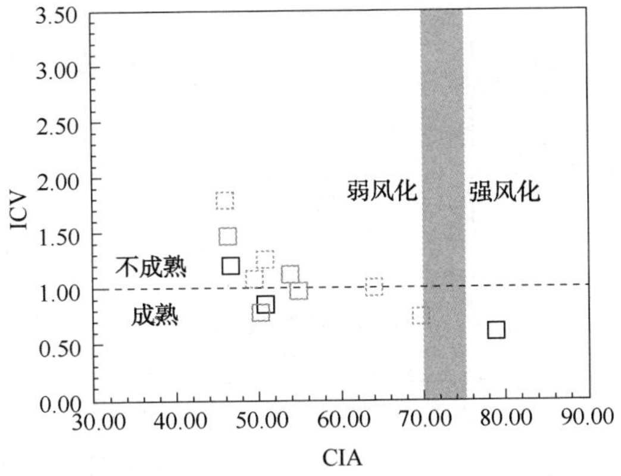

(h)哈尔苏海组

图 4-21　阿拉善地块北缘石炭系-二叠系风化特征地球化学图解(续)

A-CN-K 图解据 Nesbitt、Young (1984, 1989);

ICV-CIA 图解据 Nesbitt、Young (1984)和 Cox 等(1995)

U 具有 U^{4+}和 U^{6+}两种阳离子，在氧化环境下 U^{4+}可被氧化为 U^{6+}，因 U^{6+}具有较高的可溶性，故 U^{6+}极易在风化及沉积搬运过程中被带出体系；相对之下，Th 在风化及沉积搬运过程则显示出较高的稳定性。因而风化及沉积搬运过程中的氧化作用将导致 U 和 Th 的分馏，且 Th、U 含量比随着风化程度的增加而增加，因此 Th、U 含量比可以示踪风化作用与沉积过程(赵振华，2016)。阿拉善地块北缘石炭系-二叠系碎屑岩样品的 Th、U 含量比值大都低于 PAAS(4. 97)，接近上地壳平均值(3. 8)，仅少数样品的 Th、U 含量比值高于 PAAS(4. 97)，反映该区石炭系-二叠系碎屑岩总体经历了相对简单的风化及沉积搬运过程(见图 4-22)。

沉积分选与再循环往往会造成重矿物的富集，从而引起沉积物内某些元素的富集。锆石是 Zr 元素主要赋存的矿物，同时矿物稳定性很强，会随着沉积再循环而富集在沉积物中。Th 通常在酸性岩中赋存，而 Sc 则赋存于基性岩类中，且 Th 和 Sc 在沉积搬运过程中不发生分馏，Th、Sc 含量比在沉积再循环过程中不会发生改变，因此常被用来进行物源化学成分变化的研究。Zr、Sc 含量比往往因沉积再循环过程中锆石的富集而增大，且不受后期热液稀释等地质作用的影响。因此，Zr、Sc 含量比和 Th、Sc 含量比是反映沉积物成分变化、分选程度、重矿物富集程度的重要指标(赵振华，2016)。阿拉善地块北缘石炭系-二叠系碎屑岩的 Th、Sc 含量比-Zr、Sc 含量比图解(见图 4-22)显示，Zr、Sc 含量比和 Th、Sc 含量比构成较好的正相关关系，表明该区石炭系-二叠系碎屑岩的化学成分变化主要是源区物质组成的反映，而锆石的再旋回富集并未起到主宰作用。

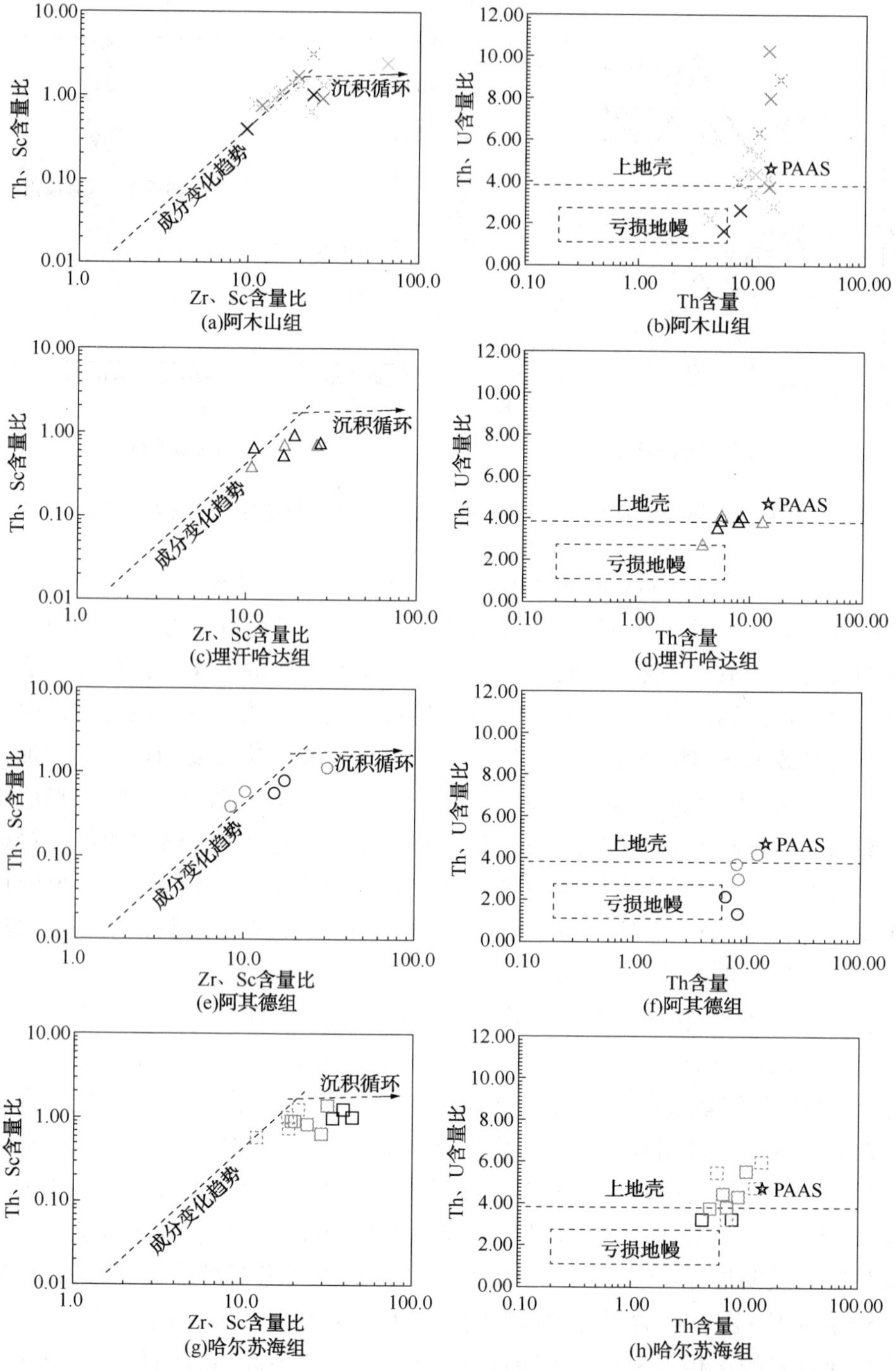

图 4-22　阿拉善地块北缘石炭系-二叠系沉积分选特征地球化学图解

Th、Sc 含量比-Zr、Sc 含量比图解和 Th、U 含量比-Th 含量图解据 McLennan 等(1993)

总而言之，阿拉善地块北缘石炭系–二叠系碎屑岩成熟度较低，源区物质经历了相对较弱的化学风化作用、沉积分选以及成岩作用改造，其化学成分变化主要是源区物质组成的反映。这种特征表明石炭系–二叠系碎屑岩沉积期间该区处于相对活跃的构造环境，沉积物源区经历持续隆升并持续提供新鲜物源，碎屑物质经历非稳态的风化搬运过程并快速埋藏成岩。

三、源区物质组成

碎屑沉积岩的源区物质组成是一个特别复杂的问题，它不仅涉及源区岩石的成分，还牵扯到诸多沉积及成岩期的环境参数，如源区化学风化作用、沉积分选以及后期成岩改造等。由于硬砂岩是不成熟的沉积物，能够保留近似源区物质的化学成分，因此，其微量元素及相关参数被广泛应用于源区物质成分研究(赵振华，2016)。前文已述及，阿拉善地块北缘石炭系–二叠系碎屑岩样品在化学分类中属于硬砂岩，且其源区化学风化作用较弱、成分成熟度较低、再循环及沉积分选作用不明显、成岩改造作用弱，故其化学成分变化主要是源区物质组成的反映，因而其微量元素及比值可以用来识别源区物质组成。

一些大离子亲石元素(如 K、Rb)对于识别沉积物源区非常敏感有效，以地壳 K、Rb 含量比平均为 230 的主趋势线为标准，高 Rb 含量(>40ppm)指示源自中酸性火成岩，而低 Rb 含量则指示基性成分。另外，La、Th、Zr、Nb、Y、Sc、Co 和 Ti 等不活动元素对于碎屑岩源区的判识也比较常用。岛弧火山岩和活动陆缘火山岩中不活动大离子亲石元素的含量和比值是变化的，如 La、Th 和 Hf，源自酸性岩为主的岛弧火山岩的沉积岩具有低 La、Th 含量比和较高含量的 Hf(3~7ppm)；随着岛弧的不断被切割和其侵入岩体根部及基底古老变质岩被剥蚀，Hf 含量将逐渐增加(赵振华，2016)。阿拉善地块北缘石炭系–二叠系碎屑岩的 K_2O 含量–Rb 含量图解(见图 4–23)显示，该套碎屑岩的源区物质主要为中酸性火成岩，仅阿木山组少量样品的源区物质显示为明显的基性成分。在 La、Yb 含量比–Hf含量图解(见图 4–23)上，阿拉善地块北缘石炭系–二叠系碎屑岩主体落入酸性岛弧源区，表明其源区物质以中酸性的岛弧火成岩为主，这与 K_2O 含量–Rb 含量图解和 A–CN–K 三角图解得到的结论具有一致性。

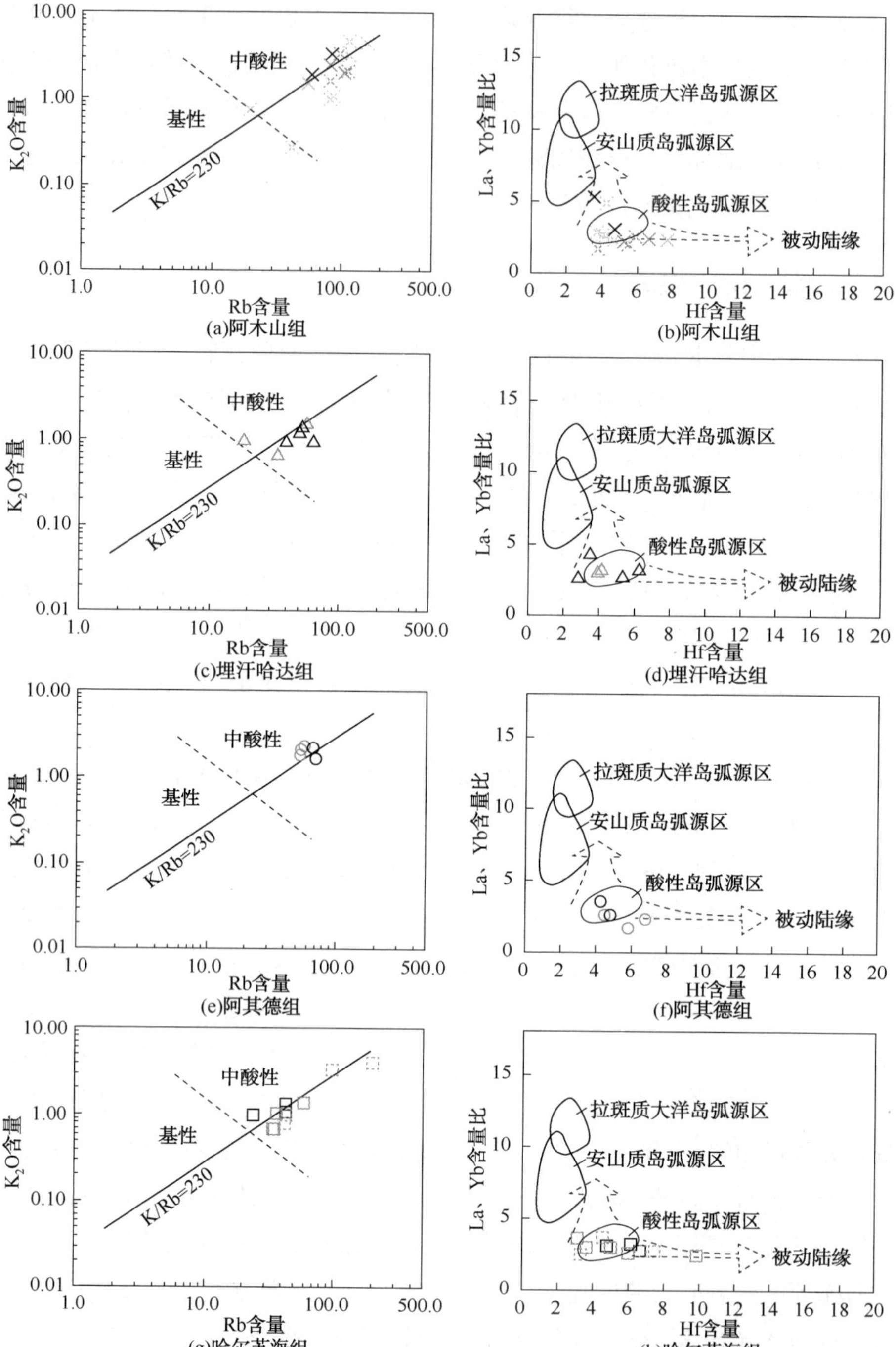

图 4-23 阿拉善地块北缘石炭系-二叠系源区物质组成地球化学图解

K_2O 含量-Rb 含量图解据 Floyd 等(1989)；La、Yb 含量比-Hf 含量图解据 Floyd、Leveridge（1987）

第3节　碎屑锆石 U-Pb 年代学

锆石因具有较强的抗物理、化学风化的能力，经历长距离搬运仍能保持其U-Pb同位素体系封闭，在砂岩中广泛分布，且随着 SHRIMP 和 LA-ICP MS 定年手段的快速发展，短时间内分析大量碎屑锆石成为可能(Gehrels，2014)。因此，近年来碎屑锆石 U-Pb 年代学研究在日趋普遍和广泛，尤其在物源分析方面。目前，碎屑锆石 U-Pb 年代学主要有以下方面的应用：①物源研究，碎屑矿物年龄与潜在源区地块年龄的对比，进而确定沉积物的源区；②源区已知，确定源区岩石的年龄与地壳演化特征；③沉积单元对比，通过对比碎屑矿物的年龄，确定不同沉积单元之间的关系；④最大沉积年龄，碎屑沉积单元中最年轻的年龄组分可能约束时代未知沉积岩的最大沉积年龄(Dickinson eand Gehrels，2009；Gehrels，2014)。前已述及，阿拉善地块北缘石炭纪-二叠纪盆地的构造环境存在较大争议。我们在阿拉善地块北缘采集一条近南北向横跨多个构造单元的碎屑锆石剖面(采样剖面位置见图 4-1)，试图约束阿拉善地块北缘石炭系-二叠系的沉积物源，进而对比不同构造单元的关系，约束区域构造环境。

一、样品与实验结果

我们在阿拉善地块北缘采集了 13 个碎屑锆石样品进行 U-Pb 年代学分析，其中 M4 为蒙阿左地 1 井的二云母石英片岩岩心样品，其岩石地层单元相当于阿布德仁太山露头区的阿木山组下岩性段；YE18-7、YE18-8 为那仁哈尔地区阿木山组下岩性段变质砂岩露头样品，YE17-93、YE17-94 为阿布德仁太山地区阿木山组上岩性段砂岩露头样品；YE17-08-11 为东德乌苏地区阿木山组未发生变质的砂岩露头样品；YE17-06、YE17-07 为恩格尔乌苏地区阿木山组深水浊积岩露头样品；YE18-15 为恩格尔乌苏地区阿木山组深水浊积岩上覆的埋汗哈达组浅水粗砂岩露头样品；YE17-03、YE17-61 为杭乌拉地区埋汗哈达组露头砂岩样品；YE17-14、YE17-16 为蒙根乌拉地区哈尔苏海组露头砂岩样品。13 个碎屑锆石样品共进行原位 U-Pb 同位素分析 1225 点，分析皆采用 LA-ICP MS 法完成，其中样品 M4、YE17-03、YE17-08-11、YE17-14、YE17-94 在西北大学大陆动力学国家重点实验室进行测试，其余样品在自然资源部西安地质调查中心实验测试中心测试。

阿拉善地块北缘石炭系-二叠系碎屑岩样品所含锆石大都呈短柱状，偶见长柱状，锆石的长轴与短轴之比大都为 1：1～3：1；大部分锆石呈棱角状-次棱角状，表明沉积之前经历了较短距离的搬运；在 CL 图像上，大部分锆石显示出明显的震荡环带，显示其为岩浆成因锆石；少量锆石具有明显的“核-幔”结构，且部分锆石具有很窄的增生边，暗示其经历了多期构造-热事件的改造，锆石成因较为复杂。另外，大多数具有震荡环带的锆石，其 Th、U 含量比大于 0.1，表明其为岩浆成因锆石；少量锆石的 Th、U 含量比小于 0.1，表明其来源于变质或重结晶的锆石晶体。

样品 M4 完成 95 个测点，最终获得 90 个谐和年龄(见图 4-24)。该样品锆石年龄范围分布较广，年龄值为 373.6~2670Ma，锆石年龄谱呈单峰式分布；其主峰峰值年龄为 416Ma，主峰占所有谐和年龄的 58%；此外，锆石年龄谱还包含 4 个次峰，峰值年龄分别为 566Ma、910Ma、1451Ma 和 2415Ma。

样品 YE18-7 完成的 96 个测点中，91 个测点位于 U-Pb 谐和图的谐和线上或附近(见图 4-24)。该样品的锆石年龄分布范围为 347.9~2848.5Ma，与样品 M4 类似，年龄谱也表现出明显的单峰式分布特征；主峰峰值年龄为 425Ma，主峰占所有谐和锆石的 69%；次峰年龄值分别为 872Ma、1319Ma、1875Ma 和 2440Ma。

样品 YE18-8 共完成测点 96 个，得到锆石谐和年龄 72 个(见图 4-24)。不谐和的数据均位于谐和线之下，且多呈线性分布，表明这些不谐和的锆石可能为前寒武纪锆石在显生宙的多期构造-热事件中发生了铅丢失。该样品的谐和数据年龄值为 364.7~3364Ma，这些数据同样呈现为单峰式分布；主峰峰值年龄为 423Ma，主峰占所有谐和数据的 69%；次峰峰值分别为 754Ma、981Ma、2180Ma。需要特别注意的是，该样品获得了 2 颗中-古太古代锆石，其年龄值分别为(3196.4±30.2)Ma 和(3364±19.8)Ma。

样品 YE17-93 的 95 个测点产生了 81 个谐和数据(见图 4-24)。不谐和数据大都位于谐和线之下，且呈线性分布，暗示其可能源于前寒武纪锆石发生铅丢失。该样品的谐和数据年龄值为 360.7~3060.7Ma，且这些年龄呈单峰式分布；主峰峰值年龄为 432Ma，主峰占谐和数据的 61%；次峰峰值分别为 901Ma、1476Ma 和 2381Ma。需要注意的是，除了包含少量新太古代锆石外，该样品也获得 1 颗中太古代锆石。

样品 YE17-94 完成 85 个测点，其中 80 个测点位于谐和线上或附近(见图 4-24)。该样品的谐和年龄值为 409.6~3035.7Ma，且锆石年龄谱呈单峰式分布；主峰峰值年龄为 442Ma，主峰占谐和数据的 43%；次峰峰值分别为 585Ma、939Ma、1568Ma 和 2556Ma。同样地，该样品也含有 1 颗中太古代锆石，其年龄值为(3035.7±32.74)Ma。

样品 YE17-08-11 的 95 个测点中，81 个测点产生了谐和数据(见图 4-24)；其余不谐和分析点均位于谐和线之下，并呈线性分布，暗示其可能为前寒武纪锆石发生铅丢失。该样品的谐和年龄值为 374.5~2884.2Ma，并构成单峰式年龄谱；主峰峰值年龄为 427Ma，主峰占谐和数据的 68%；次峰峰值分别为 902Ma、1539Ma 和 2636Ma。

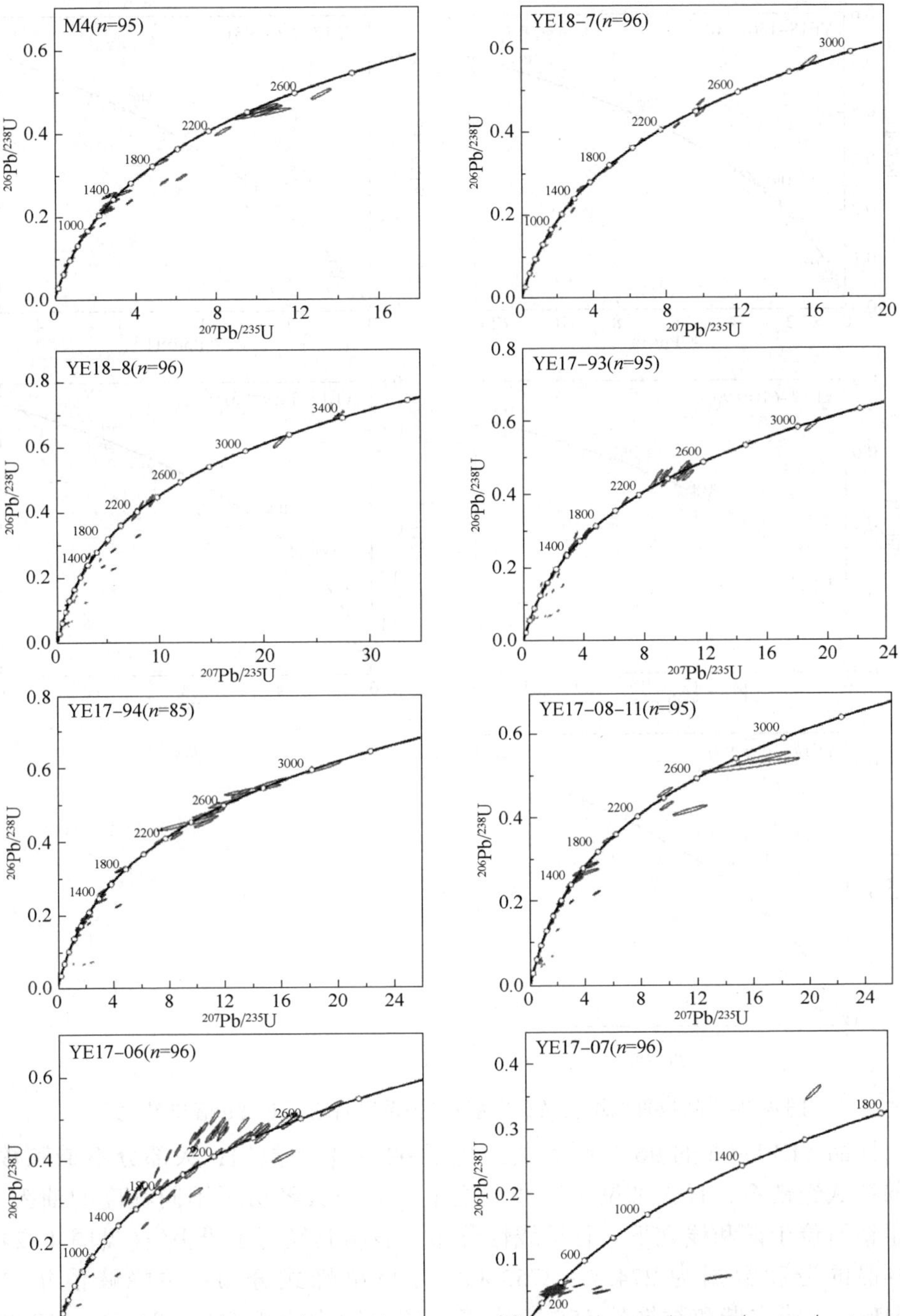

图 4-24　阿拉善地块北缘石炭系-二叠系碎屑锆石 U-Pb 谐和图

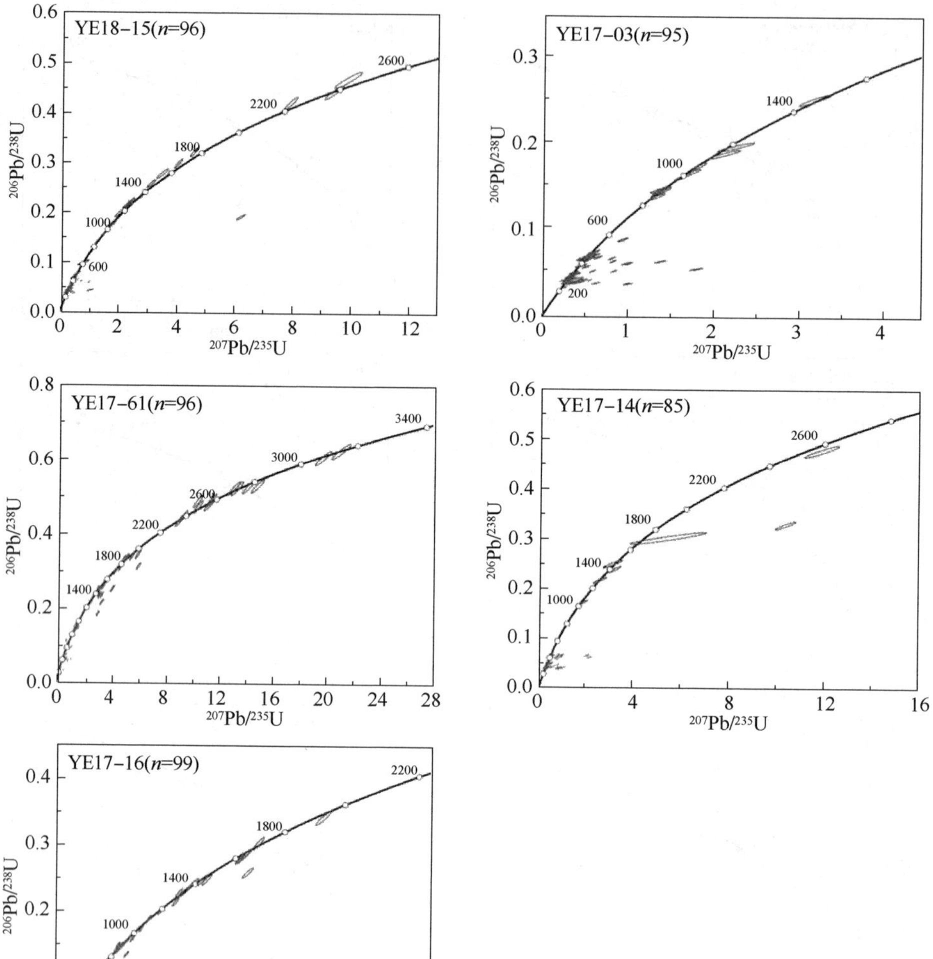

图 4-24 阿拉善地块北缘石炭系-二叠系碎屑锆石 U-Pb 谐和图(续)

样品 YE17-06 的 96 个测点共产生了 62 个谐和数据；大部分不谐和数据为前寒武纪锆石，且大都位于谐和线之上，表明其经历了不同程度的铀丢失；少量锆石位于谐和线之下，且呈线性分布，表明其经历了铅丢失(见图 4-24)。该样品的谐和数据为 274.4～2753Ma，并呈单峰式分布；主峰峰值年龄为 300Ma，主峰占谐和数据的 55%；次峰峰值分别为 384.1Ma、854Ma、1939Ma 和 2446Ma。

样品 YE17-07 的 96 个测点中，83 个测点获得了谐和数据（见图 4-24）。这些谐和年龄数据分布较为集中，其年龄值为 270.1~376.7Ma，构成典型的单峰式分布，其峰值年龄为 313Ma。需要特别注意的是，该样品所有的谐和数据皆为显生宙锆石，不含前寒武纪锆石颗粒。

样品 YE18-15 的 96 个测点中，88 个测点位于谐和线上或附近，其余测点偏离谐和线（见图 4-24）。该样品的谐和数据为 263.7~2415.7Ma，在年龄谱上显示为双峰式分布；主峰峰值年龄值分别为 295Ma 和 427Ma，分别占总谐和数据的 39%和 42%；此外，年龄谱还包括少量的前寒武纪锆石，其峰值主要集中于 618Ma、899Ma、1100Ma、1451Ma、1677Ma 和 2326Ma。

样品 YE17-03 共完成 95 个测点，73 个测点得到了谐和数据，其余测点位于谐和线之下，表明其发生了不同程度的铅丢失（见图 4-24）。该样品的谐和年龄值为 259~1471Ma，并呈双峰式分布；主峰峰值年龄值分别为 284Ma 和 434Ma，分别占总谐和年龄的 52%和 32%；少量的前寒武纪锆石主要集中于 888Ma、1017Ma 和 1471Ma。

样品 YE17-61 的 96 个测点中，79 个测点位于谐和线上或附近；其余测点位于谐和线之下，且大都呈线性分布，暗示其可能源于前寒武纪锆石在显生宙构造-热事件中发生了铅丢失（见图 4-25）。该样品的谐和年龄数据为 297.5~3176.8Ma，在年龄谱上显示为单峰式分布；主峰峰值年龄为 422Ma，主峰占所有谐和数据的 43%；该样品包含较多的前寒武纪锆石颗粒，其构成若干次峰，峰值年龄分别为 910Ma、1400Ma、1800Ma 和 2500Ma。此外，该样品除了测得 5 颗新太古代锆石外，还测得 3 颗中太古代锆石，其年龄值分别为（2883.1±32.71）Ma、（3102.2±30.62）Ma 和（3176.8±31.92）Ma。

样品 YE17-14 的 85 个测点获得了 64 个谐和年龄数据，其余测点皆偏离谐和线（见图 4-24）。该样品的谐和年龄数据为 255.2~2568.2Ma，并在年龄谱上呈双峰式分布；主峰峰值年龄分别为 290Ma 和 421Ma，分别占总谐和年龄的 64%和 27%；此外，该样品获得了少量前寒武纪碎屑锆石，其年龄值主要分布在 1050Ma、1240Ma、1450Ma、1800Ma 和 2500Ma。

样品 YE17-16 完成了 99 个测点，82 个测点位于谐和线上或附近；其余测点大都位于谐和线之下，并呈线性分布，表明其可能在构造-热事件中发生了铅丢失（见图 4-24）。该样品的谐和数据为 254.5~1965.5Ma，且在年龄谱上呈双峰式分布；主峰峰值年龄分别为 294Ma 和 422Ma，分别占总谐和数据的 22%和 43%；此外，还有少量的前寒武纪锆石构成若干次峰，次峰峰值年龄分别为 900Ma、1400Ma 和 1670Ma。

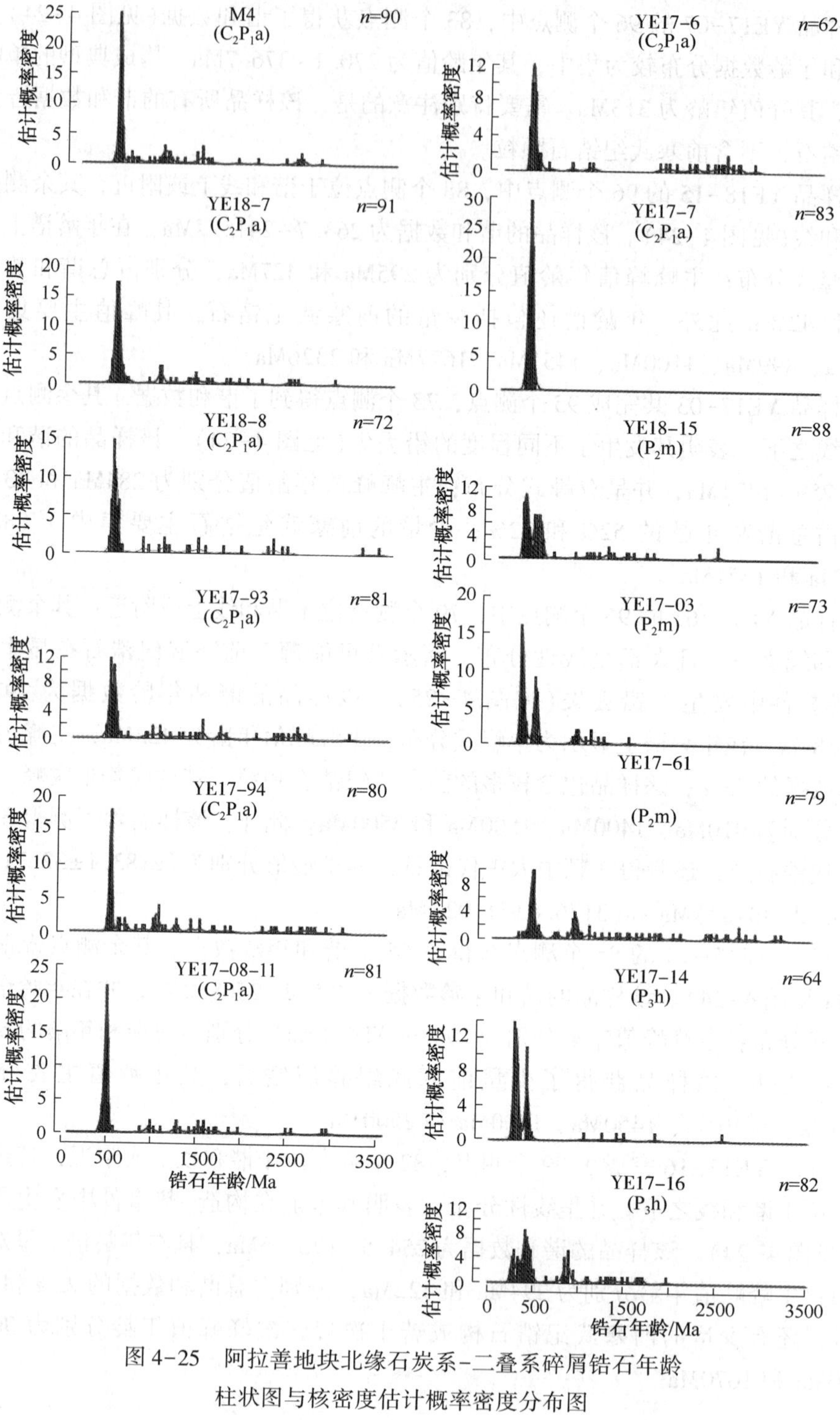

图 4-25　阿拉善地块北缘石炭系-二叠系碎屑锆石年龄柱状图与核密度估计概率密度分布图

二、统计比较分析

为了比较样品间碎屑锆石年龄谱的相似性，我们使用多种统计方法来分析上述锆石 U-Pb 年龄数据，主要包括核密度估计概率密度分布（KDE）、累计概率密度分布（CPP）、K-S 检验和多维分布图（MDS）。其中，KDE、CPP 和 MDS 分析使用 Vermeesch（2018）编写的程序 IsoplotR 完成；K-S 检验使用基于 Excel 编写的 VBA 程序完成（Gehrels，2000）。

KDE 将实测同位素年龄转换为概率密度函数，在转换过程中根据数据密度和测试误差自适应变换带宽函数，减少了测试误差和样本数量的干扰，有效地提高了年龄分解精度，是一种进行年龄谱视觉比较的先进统计方法（Vermeesch，2012；宋鹰等，2016）。另外一种视觉比较的方法是 CPP，该方法将实测同位素数据转换为随年龄增加的累计概率曲线，比较直观地展示了样品中不同年龄段数据的增长方式；Cawood 等（2012）基于这种统计方法，建立了识别不同构造环境的碎屑锆石图解方法。K-S 检验将碎屑锆石年龄数据转换为累计概率密度函数，并统计比较两个累计概率密度函数之间的最大差异，即两条累计概率密度曲线之间的最大垂直差异；其基本的判别参数是 P 值，即两个样本在统计学上不相似的概率（Vermeesch，2013；Spencer and Kirkland，2016）。一般而言，任何两个样本产生的 P 值大于 0.05，表明其无统计学差异；P 值介于 0.001 和 0.05 之间，表明其具有显著统计学差异；P 值小于 0.001，表明其具有极其显著的统计学差异。另外，Shaw 等（2014）提醒在评价沉积物源的相关性时，应将定量的 K-S 检验作为视觉定性对比的补充手段。MDS 通过成对计算样品间的差异系数并生成点图，使相似性强的样品紧密聚集在一起、相似性差的样品更加疏远，从而更加直观地揭示样品之间的相似性（Vermeesch，2013）。

在核密度估计概率密度分布图（见图 4-25、图 4-26）上，阿拉善地块北缘石炭系-二叠系的碎屑锆石年龄谱显示出较强的规律性：

（1）恩格尔乌苏断裂以南的阿木山组样品 M4、YE18-7、YE18-8、YE17-93、YE17-94 和 YE17-08-11 均表现为单峰式分布，峰值年龄相似（415~445Ma）；这些样品均含有一定数量的前寒武纪碎屑锆石，且包括少量太古代锆石颗粒；这些前寒武纪锆石形成若干次峰，次峰峰值年龄分别为 0.9Ga、1.4~1.5Ga、1.8Ga 和 2.5Ga。

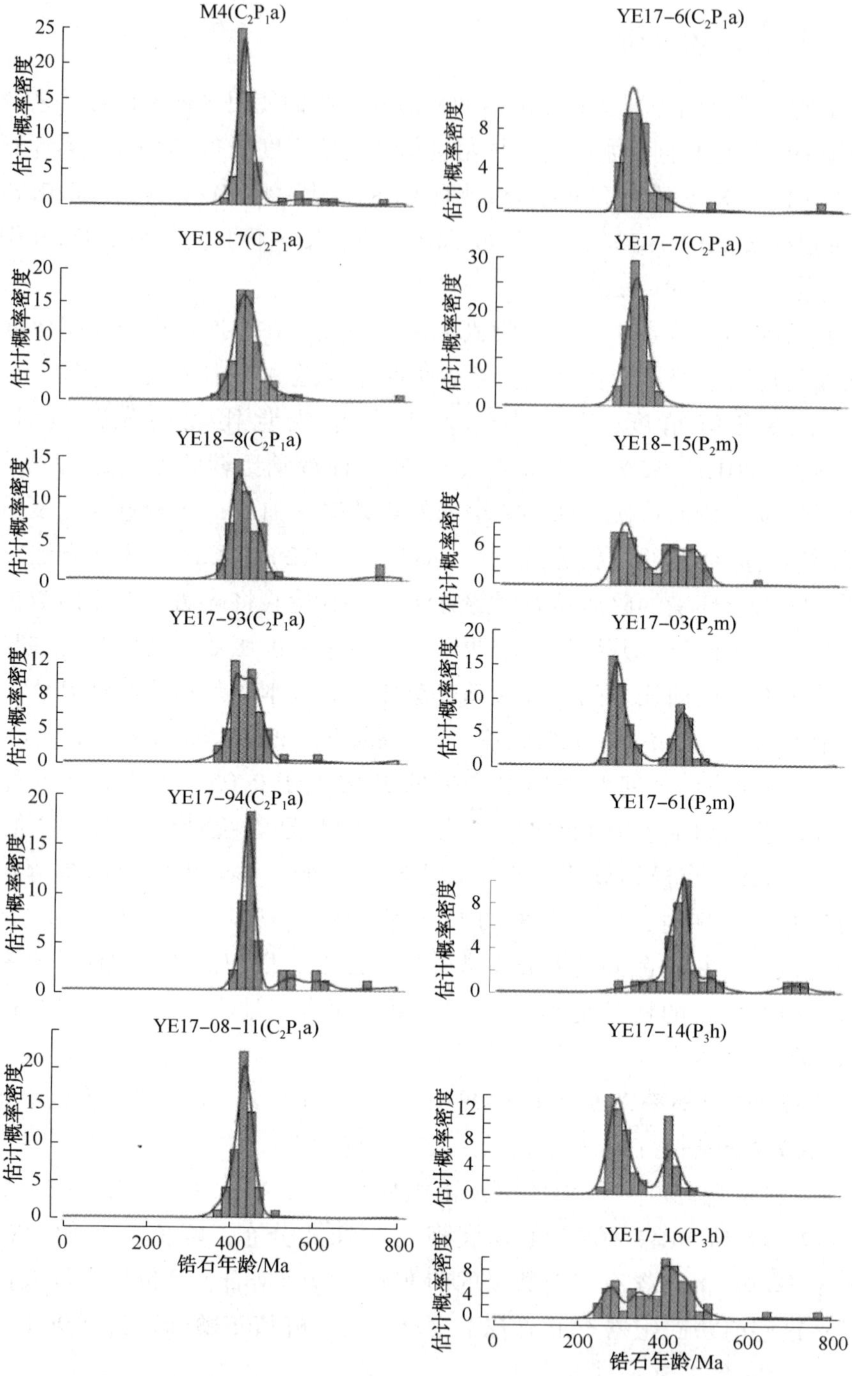

图 4-26　阿拉善地块北缘石炭系-二叠系碎屑锆石年龄（0～800Ma）柱状图与核密度估计概率密度分布图

(2)恩格尔乌苏地区的阿木山组样品 YE17-06 和 YE17-07 与其南部阿木山组样品的碎屑锆石年龄谱显著不同，且其二者具有较大差异；样品 YE17-6 虽表现出单峰式分布特征，但其峰值年龄约为 300Ma，其仍包含一定数量的前寒武纪锆石并构成若干次峰，次峰峰值年龄分别为 0.9Ga、1.8Ga 和 2.5Ga；样品 YE17-7 也表现为单峰式年龄谱，但其所有有效年龄皆位于 270~376.7Ma 这一狭窄的年龄区间，峰值年龄为 313Ma，明显有别于其他阿木山组样品的年龄谱。

(3)埋汗哈达组和哈尔苏海组样品的碎屑锆石年龄谱除 YE17-61 表现为单峰式分布外，其余样品(YE18-15、YE17-03、YE17-14 和 YE17-16)皆表现为双峰式分布；这些双峰式年龄谱的主峰峰值年龄分别位于 280~295Ma 和 420~435Ma，且均包含少量的前寒武纪碎屑锆石；YE17-61 虽表现为单峰式年龄谱，且具有与阿木山组单峰式样品类似的主峰峰值年龄 422Ma，但其最年轻的碎屑锆石年龄值明显小于阿木山组单峰式样品的最年轻的碎屑锆石，且该样品的前寒武纪碎屑锆石含量高于 50%，前寒武纪锆石的峰值年龄分别为 910Ma、1400Ma、1800Ma 和 2500Ma，且含有 5 颗新太古代锆石，加之镜下显微特征显示该样品含有较多的沉积岩岩屑，因此推测该样品的物源可能有阿木山组再循环沉积的贡献。需要特别指出的是，恩格尔乌苏地区阿木山组样品 YE17-06 和 YE17-07 与上覆埋汗哈达组样品 YE18-15 的年龄谱表现出明显的差异，暗示二者的源汇系统发生了重大变化；恩格尔乌苏地区阿木山组样品 YE17-06 和 YE17-07 与其南侧的阿木山组样品的年龄谱也具有明显的差异，表明二者隶属于不同的源汇系统。

在累计概率密度分布图(见图 4-27)上，恩格尔乌苏断裂以南的阿木山组样品 M4、YE18-7、YE18-8、YE17-93、YE17-94 和 YE17-08-11 显示出类似的年龄含量增长方式，其主要的年龄含量增长期为距今 445~415Ma，并在距今 0.9Ga 时显示出小幅增长。恩格尔乌苏地区的阿木山组样品 YE17-06 主要的年龄含量增长期在距今 300Ma 左右，其后在距今 0.9Ga 时发生小幅增长，并在距今 2.5~1.8Ga 间发生明显的增长；YE17-07 表现出明显的单阶段增长，其年龄含量增长发生在较短的时间范围内，主要增长阶段为距今 376.7~270Ma。埋汗哈达组和哈尔苏海组的样品 YE18-15、YE17-03、YE17-14 和 YE17-16 表现出多阶段增长的特征，其主要的年龄含量增长期为距今 295~280Ma 间和距今 435~420Ma 间，其次在前寒武纪表现出较小幅度的增长。埋汗哈达组样品 YE17-61 与阿木山组样品 YE17-94 显示出较为类似的增长方式，二者的区别在于：YE17-61 在二叠纪-石炭纪具有小幅初始增长，而 YE17-94 则缺失二叠纪-石炭纪的初始增长。

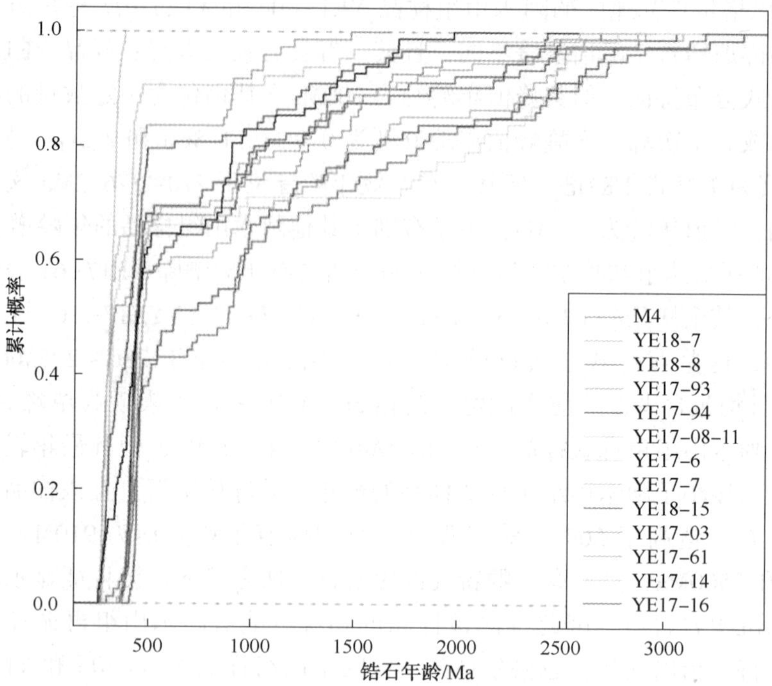

图 4-27　阿拉善地块北缘石炭系-二叠系碎屑锆石累计概率密度曲线

K-S 检验可以定量评估样品间碎屑锆石年龄谱的相似性，进而为分析源汇系统提供参考。阿拉善地块北缘石炭系-二叠系碎屑锆石 K-S 检验的 P 值统计结果见表 4-1。总体来看，该区石炭系-二叠系碎屑锆石 K-S 检验所得的 P 值复杂有序，表现为：恩格尔乌苏断裂以南的阿木山组样品 M4、YE18-7、YE18-8、YE17-93、YE17-94 和 YE17-08-11 之间的 P 值普遍大于 0.05，显示这些样品具有相同的物源。埋汗哈达组和哈尔苏海组的样品 YE18-15、YE17-03、YE17-14 和 YE17-16 之间的 P 值也普遍大于 0.05，显示其具有相同的物源。恩格尔乌苏地区的阿木山组样品 YE17-06 和 YE17-07 与其他地区样品间的 P 值均小于 0.05，显示其具有较为独特的物源；样品 YE17-06 和 YE17-07 的 P 值均为 0，但这两份样品取自连续沉积的阿木山组深水浊积岩建造，暗示恩格尔乌苏地区阿木山组沉积物源复杂，构造环境较为特殊；另外，阿木山组浊积岩样品 YE17-06 和 YE17-07 与上覆的埋汗哈达组浅水砂岩样品 YE18-15 的 P 值为 0，表明二者的物源系统具有比较明显的差异。此外，杭乌拉地区埋汗哈达组的样品 YE17-61 与阿布德仁太山地区阿木山组的样品 YE17-93 和 YE17-94 的 P 值也大于 0.05，表明其沉积物源具有密切的关联。

表 4-1　阿拉善地块北缘石炭系-二叠系碎屑锆石年龄谱 K-S 检验 *P* 值统计表

样品号	M4	YE18-7	YE18-8	YE17-93	YE17-94	YE17-08-11	YE17-6	YE17-7	YE18-15	YE17-03	YE17-61	YE17-14	YE17-16
M4		0. 907	0. 784	0. 144	0. 000	**0. 601**	0. 000	0. 000	0. 000	0. 000	0. 007	0. 000	0. 012
YE18-7	**0. 907**		**1. 000**	**0. 296**	0. 000	**0. 818**	0. 000	0. 000	0. 000	0. 000	0. 006	0. 000	0. 028
YE18-8	**0. 784**	**1. 000**		**0. 415**	0. 001	**0. 690**	0. 000	0. 000	0. 000	0. 000	0. 003	0. 000	0. 030
YE17-93	**0. 144**	**0. 296**	**0. 415**		**0. 120**	**0. 195**	0. 000	0. 000	0. 000	0. 000	**0. 139**	0. 000	0. 019
YE17-94	0. 000	0. 000	0. 001	**0. 120**		0. 005	0. 000	0. 000	0. 000	0. 000	**0. 734**	0. 000	0. 000
YE17-08-11	**0. 601**	**0. 818**	**0. 690**	**0. 195**	0. 005		0. 000	0. 000	0. 000	0. 000	0. 003	0. 000	0. 017
YE17-6	0. 000	0. 000	0. 000	0. 000	0. 000	0. 000		0. 000	0. 030	0. 007	0. 000	0. 030	0. 000
YE17-7	0. 000	0. 000	0. 000	0. 000	0. 000	0. 000	0. 000		0. 000	0. 000	0. 000	0. 000	0. 000
YE18-15	0. 000	0. 000	0. 000	0. 000	0. 000	0. 000	0. 030	0. 000		**0. 106**	0. 000	0. 014	**0. 181**
YE17-03	0. 000	0. 000	0. 000	0. 000	0. 000	0. 000	0. 007	0. 000	**0. 106**		0. 000	**0. 124**	0. 000
YE17-61	0. 007	0. 006	0. 003	**0. 139**	**0. 734**	0. 003	0. 000	0. 000	0. 000	0. 000		0. 000	0. 006
YE17-14	0. 000	0. 000	0. 000	0. 000	0. 000	0. 000	0. 030	0. 000	0. 014	**0. 124**	0. 000		0. 000
YE17-16	0. 012	0. 028	0. 030	0. 019	0. 000	0. 017	0. 000	0. 000	**0. 181**	0. 000	0. 006	0. 000	

注：阴影区的加粗字体表示 *P* 值≥0. 05。

碎屑锆石年龄的 MDS 可以直观地表现样品之间的相似关系。阿拉善地块北缘石炭系-二叠系碎屑锆石年龄的 MDS 图(见图 4-28)显示，恩格尔乌苏断裂以南的阿木山组样品 M4、YE18-7、YE18-8、YE17-93、YE17-94、YE17-08-11 和杭乌拉地区埋汗哈达组样品 YE17-61 具有良好的相似性，其在 MDS 图上聚集紧密；埋汗哈达组和哈尔苏海组的样品 YE18-15、YE17-03、YE17-14、YE17-16 具有良好的相似性，其在 MDS 图上分布紧密；恩格尔乌苏地区的阿木山组样品 YE17-06 和 YE17-07 与其他样品的相似性较差，其在 MDS 图上表现出散点分布的特征。

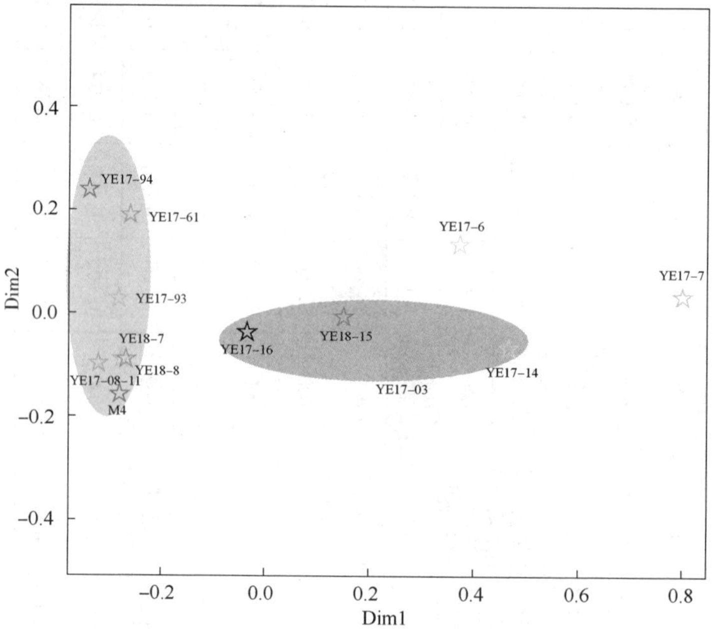

图 4-28　阿拉善地块北缘石炭系-二叠系碎屑锆石年龄 MDS 图

综合上述 4 种方法的统计比较结果来看，恩格尔乌苏断裂以南的阿木山组样品具有较为一致的源汇系统，其碎屑锆石年龄谱均表现为单峰式分布，主峰年龄位于 415~445Ma，且具有一定数量的前寒武纪碎屑锆石。恩格尔乌苏地区阿木山组浊积岩样品的碎屑锆石年龄谱较为复杂，但其主峰年龄位于 300~313Ma，表明其含有大量同沉积期的物质加入，其与南侧的阿木山组明显具有不同的源汇系统；另外，恩格尔乌苏地区的阿木山组浊积岩(YE17-06 和 YE17-07)和与之不整合接触的上覆的埋汗哈达组粗砂岩(YE18-15)具有截然不同的碎屑锆石物源特征，表明不整合面上、下的源汇系统发生了重大变化。埋汗哈达组和哈尔苏海组的样品 YE18-15、YE17-03、YE17-14 和 YE17-16 具有较为一致的碎屑锆石物源，其在年龄谱上表现为双峰式分布，主峰峰值年龄分别位于 280~295Ma 和

420~435Ma；杭乌拉地区埋汗哈达组样品 YE17-61 的碎屑锆石物源与恩格尔乌苏断裂以南的阿木山组类似，推测其为阿木山组抬升剥蚀再循环沉积的产物。

三、沉积物源解释

对比碎屑锆石年龄与潜在源区物质的锆石年龄已被证明是确定沉积物源的有效手段，因为在风化剥蚀、搬运沉积、埋藏成岩过程中锆石 U-Pb 同位素体系的封闭温度(700~900℃)不会发生重置，能够保存源区物质的年龄信号(Fedo 等，2003；Thomas，2011；Gehrels，2014)。反之，锆石 U-Pb 同位素体系的耐火性也决定其难以识别再循环的锆石颗粒，并因此易得出模棱两可的结论(Thomas，2011；Zhang 等，2019)。岩石学与元素地球化学分析表明，阿拉善地块北缘石炭系-二叠系碎屑岩样品的碎屑颗粒大都呈棱角-次棱角状，且在化学成分上显示出较低的成分成熟度，因此再循环物质并非该区石炭系-二叠系的主要物源。

岩石学与元素地球化学研究表明，阿拉善地块北缘石炭系-二叠系主体为低结构成熟度和低成分成熟度的碎屑岩，因此其潜在物源区应位于沉积物周缘。阿拉善地块北缘各构造单元的前寒武纪年龄已在第 3 章做了总结，其特征如下：雅布赖-巴音诺尔公构造带的前寒武纪年龄主要集中在古元古代(距今 2.5~1.8Ga)和新元古代早期(0.9Ga)，并有少量太古代碎屑锆石年龄；宗乃山-沙拉扎山构造带的前寒武纪年龄主要集中在中元古代中期(距今 1.5~1.4Ga)，并捕获锆石显示该区存在 0.9Ga 的锆石年龄；珠斯楞-杭乌拉构造带的前寒武纪研究较为薄弱，具有可靠同位素数据约束的锆石年龄为 0.9Ga，从岩浆岩捕获锆石显示其可能存在古元古代锆石年龄。

阿拉善地块北缘古生代的岩浆锆石年龄报道较多，其均可成为该区石炭系-二叠系的源区物质。雅布赖-巴音诺尔公构造带古生代的岩浆锆石年龄主要集中于 390~460Ma、321~366Ma、262~306Ma(张建新和宫江华，2018)。宗乃山-沙拉扎山构造带的古生代锆石年龄主要位于 253.5~331.7Ma；另外，郑荣国等(2016)在恩格尔乌苏地区获得了 423~434Ma 的岩浆锆石年龄。珠斯楞-杭乌拉构造带的古生代锆石年龄主要位于 342~417Ma 和 270~325Ma。需要特别指出的是，珠斯楞-杭乌拉构造带以北的蒙古国境内发育大量奥陶纪-泥盆纪火成岩(Wainwright 等，2011；Wang 等，2017)，其也可作为阿拉善地块北缘石炭系-二叠系的潜在物源。

结合上述潜在源区的锆石年龄特征，可对阿拉善地块北缘石炭系-二叠系的锆石物源及源汇系统做进一步分析。阿木山组的锆石年龄谱具有显著的分区性，恩格尔乌苏一带与其南侧的阿木山组锆石物源明显有别。具体来说，恩格尔乌苏断裂以南阿木山组样品的碎屑锆石年龄峰值位于 415~445Ma，且其包含的前寒武纪锆石峰值年龄分别为 0.9Ga、1.4~1.5Ga、1.8Ga 和 2.5Ga，这些前寒武纪峰值与阿拉善地块北缘以及宗乃山-沙拉扎山的前寒武纪年龄对应极好，且这两个构造带皆发育加里东期岩浆岩，因此这些阿木山组具备双向物源，物源分别来自阿拉善地块和宗乃山-沙拉扎山。恩格尔乌苏一带阿木山组深水浊积岩样品 YE17-6的主峰峰值为300Ma，次峰峰值约为0.9Ga 和1.8~2.5Ga，其次峰峰值年龄与阿拉善地块北缘的前寒武纪锆石年龄具有较好的一致性；样品 YE17-7 的所有锆石年龄集中于270~376.7Ma，峰值年龄为313Ma，指示其物源主要来自较年轻的地质体，缺乏古老物质的贡献。这些特征表明，南侧的阿拉善地块间歇性地为恩格尔乌苏一带的阿木山组提供物源，该区阿木山组浊积岩的物源主要为南侧的宗乃山-沙拉扎山构造带的晚古生代岛弧火成岩，且显示该区阿木山组的物源具有单向性。此外，尽管恩格尔乌苏断裂以北的珠斯楞-杭乌拉构造带以及蒙古国南部也具有石炭纪-二叠纪火成岩，但其大规模分布的火成岩年龄集中在奥陶纪-泥盆纪，从而反映珠斯楞-杭乌拉构造带以及蒙古国南部不是恩格尔乌苏一带阿木山组浊积岩的物源，也暗示恩格尔乌苏一带阿木山组所在的沉积单元具有物源分隔意义。

如前文所述，阿拉善地块北缘埋汗哈达组样品 YE17-61 的物源可能来自阿木山组再循环的物质。其余的埋汗哈达组和哈尔苏海组样品具有较为一致的物源，表现为双峰式特征，主峰年龄集中在加里东期和海西期；且这些样品均包含一定数量的前寒武纪碎屑锆石，其年龄集中于 0.9Ga、1.4~1.5Ga、1.8~2.5Ga。这些前寒武纪锆石峰值与阿拉善地块和宗乃山-沙拉扎山的前寒武纪锆石年龄具有较好的对应关系，反映阿拉善地块和宗乃山-沙拉扎山是埋汗哈达组和哈尔苏海组样品的重要物源。珠斯楞-杭乌拉构造带以及蒙古国南部前寒武纪研究较弱，仅有 0.9Ga 的物质具有同位素数据的约束，因此根据 0.9Ga 峰值的出现并不能确定其为阿拉善地块北缘埋汗哈达组和哈尔苏海组提供沉积物源。然而，Heumann 等(2012)在蒙古国南部的研究表明，中蒙边界区二叠纪地层的古水流主要由北向南，故而珠斯楞-杭乌拉构造带以及蒙古国南部的地质体也是阿拉善地块北缘二叠纪地层的物源。总体来看，阿拉善地块北缘埋汗哈达组和哈尔苏海组的沉积物源具有双向性，即既有南部阿拉善地块和宗乃山-沙拉扎山构造带的贡献，又有北部珠斯楞-杭乌拉构造带以及蒙古国南部地质体的贡献。

第 4 节　石炭纪-二叠纪盆地构造属性讨论

沉积盆地构造属性的确定，换言之，就是判识沉积盆地的构造类型。一般来说，盆地类型的确定需要考虑以下几方面的内容：①盆地基底的性质、陆壳、洋壳，抑或是过渡壳；②盆地所处的大地构造位置，处于板块内部还是板块边缘；③区域动力学背景，离散、汇聚还是转换；④盆地的结构构造特征，断陷还是坳陷，以伸展构造为主还是挤压构造为主，抑或是以走滑构造为主导；⑤沉积物的沉积环境与充填特征，海相还是陆相，贫火山岩还是富火山岩，等等（Allen、Allen,2013；刘池洋等，2015）。

阿拉善地块北缘乃至整个中亚造山带的石炭纪-二叠纪的构造环境与盆地构造属性目前仍存在较大争议，其争议的核心问题在于古亚洲洋的关闭时限。产生这些争议的关键在于中国大陆活动性强、深部作用活跃、后期改造普遍（刘池洋，1996；刘池洋等，2000），并导致石炭纪-二叠纪原始的构造-沉积面貌现已面目全非。就阿拉善地块北缘而言，石炭纪-二叠纪盆地以陆壳基底为主，局部的深水沉积是否发育在洋壳或过渡壳未有定论；盆地的所处的大地构造位置争议较大，存在陆内与活动陆缘之争；区域构造环境存在陆内伸展与板块汇聚之争；盆地的结构构造特征已被强烈改造，但晚石炭世-早二叠世阿木山组沉积物主体分布在恩格尔乌苏断裂及其以南地区，中二叠世早期的埋汗哈达组及其上覆的二叠纪地层在恩格尔乌苏断裂南北两侧均有分布，且在恩格尔乌苏一带可见埋汗哈达组与下伏的阿木山组呈不整合接触；该区石炭纪-二叠纪主体发育滨浅海相沉积，局部地区存在深水沉积，二叠纪晚期沉积环境具有向陆相过渡的特征，石炭纪-二叠纪沉积物普遍含有较多的火山物质。显而易见，上述判定盆地类型的标准或内容对于阿拉善地块北缘石炭纪-二叠纪盆地难以奏效。以下部分将根据我们在沉积学、元素地球化学、碎屑锆石物源等方面的研究，结合已有的岩浆、生物古地理、古地磁等研究成果，综合分析讨论阿拉善地块北缘石炭纪-二叠纪的构造格局与盆地属性。

阿拉善地块北缘晚石炭世-早二叠世早期的阿木山组岩层主体出露于恩格尔乌苏断裂带一带及其以南地区，断裂带以北原划为阿木山组的岩层已被最近的地层学工作认为并非晚石炭世-早二叠世早期的沉积物（牛亚卓）。从沉积学的角度来看，恩格尔乌苏一带的阿木山组主体为深水背景下的火山-碎屑岩建造，发育枕状玄武岩；恩格尔乌苏以南广大地区的阿木山组则主要为一套滨浅海相的火山碎屑岩-碳酸盐岩-碎屑岩建造，局部地区出现稳定深水环境沉积的暗色泥页岩。从岩石学与元素地球化学的角度来看，阿拉善地块北缘的阿木山组碎屑岩均呈现出较低的成分与结构成熟度，属于短距离搬运、初次循环沉积的低成熟度碎屑岩，指示区域构造活动较为活跃。从碎屑锆石物源的角度来看，恩格尔乌苏一带的阿木山组具有单向物源，其物源来自南侧的阿拉善地块与宗乃山-沙拉扎山构造带；恩格尔乌苏断裂以南地区的阿木山组则具有双向物源，既接受南侧阿拉善地块的物源，又接受北部宗乃山-沙拉扎山的物源，表明阿拉善地块与宗乃山-沙拉扎山之间在晚石炭世-早二叠世早期不存在具有分隔意义的大洋盆地。这些碎屑锆石物源特征暗示恩格尔乌苏一带的阿木山组及其以南地区的阿木山组具有完全不同的源汇体系，二者可能并非同一源汇体系的产物。此外，恩格尔乌苏一带阿木山组的碎屑锆石年龄谱特征与 Cawood 等(2012)所提出海沟或弧前盆地的年龄谱模式较为相似，而其以南地区阿木山组的碎屑锆石年龄谱特征与 Cawood 等(2012)所提出弧后盆地的年龄谱模式显示出较高的契合度。就岩浆作用而言，Zheng 等(2014)对恩格尔乌苏地区阿木山组的枕状玄武岩做了研究，获得了 SHRIMP 锆石 U-Pb 年龄为(302±14)Ma，且显示出正常洋脊玄武岩(N-MORB)的地球化学特征，指示恩格尔乌苏地区存在晚石炭世-早二叠世早期的大洋；Shi 等(2014)在宗乃山-沙拉扎山地区识别出了约 301Ma 的埃达克质岩浆作用，指示区域处于俯冲构造背景(见图 4-29)，且俯冲洋壳的玄武质板片发生部分熔融并侵位形成了花岗闪长岩；Liu 等(2017)对阿拉善地块北缘侵入岩全岩 Nd 同位素和锆石 Hf 同位素统计结果，指示晚石炭世-早二叠世早期存在俯冲岩浆作用(见图 4-29)。从古地磁研究的结果(见图 4-29)来看，晚石炭世-早二叠世早期蒙古地体与华北板块的阿拉善地块相距较远，指示二者之间存在具有分隔意义的大洋(Huang 等，2018；Zhang 等，2018)。另外，古生物的研究结果显示，阿木山组富含蜓、珊瑚等海相化石，且主要为南方暖水分子，尚未发现北方冷水型动物(卜建军等，2013)，也指示存在具有生物分隔意义的大洋。

阿拉善地块北缘中二叠世早期的埋汗哈达组及其上覆的二叠纪地层在恩格尔乌苏断裂南北两侧均有分布，且在恩格尔乌苏一带可见埋汗哈达组的粗碎屑岩与下伏的阿木山组深水浊积岩呈不整合接触，表明二者之间存在重大构造变动。从沉积学的角度来看，埋汗哈达组及其上覆的二叠纪地层主体为滨浅海相碎屑岩-碳酸盐岩-火山岩建造，且二叠纪晚期具有向陆相转变过渡的特征。从岩石学与元素地球化学的角度来看，埋汗哈达组及其上覆的二叠纪地层的碎屑岩显示出较低的结构与成分成熟度，暗示区域构造环境较为动荡。碎屑锆石物源数据显示，其具有双向物源的特征，既接受南部阿拉善地块和宗乃山-沙拉扎山构造带的碎屑物质，又接受北方珠斯楞-杭乌拉构造带及蒙古国南部地质体的碎屑物质，部分物源还可能来自阿木山组再循环的产物。此外，这些沉积物的碎屑锆石年龄谱特征与 Cawood 等(2012)所提出裂谷盆地或周缘前陆盆地的年龄谱模式较为相似。就岩浆作用而言，Shi 等(2014)在宗乃山-沙拉扎山构造带西段获得了中二叠世的花岗岩(约 266Ma)与辉长岩(约 264Ma)及晚二叠世的花岗闪长岩、二长花岗岩和石英二长闪长岩(250~254Ma)。这些岩石显示出高钾钙碱性的地化特征，且中二叠世的花岗岩与辉长岩构成双峰式侵入岩组合(见图 4-29)，指示中晚二叠世为后碰撞伸展构造环境。张文等(2013)对宗乃山-沙拉扎山东段乌力吉岩体的研究，同样指示中晚二叠世该区已经进入后碰撞伸展构造体制。从古地磁研究的结果(见图 4-29)来看，中晚二叠世蒙古地体与华北板块西部的距离较晚石炭世-早二叠世早期大幅减小，暗示其间具有分隔意义的大洋或已消亡(Huang 等，2018；Zhang 等，2018)。另外，生物古地理研究(见图 4-29)显示，阿拉善地块北缘恩格尔乌苏剖面和杭乌拉剖面的埋汗哈达组均发育腕足动物群，且表现出冷水与暖水分子混生的特征(卜建军等，2011，2013)，指示晚石炭世-早二叠世早期具有生物分隔意义的大洋在埋汗哈达组沉积期已经不具有分隔意义，这与古亚洲构造域的构造生物古地理学研究的结论契合较好(Shi，2006)。

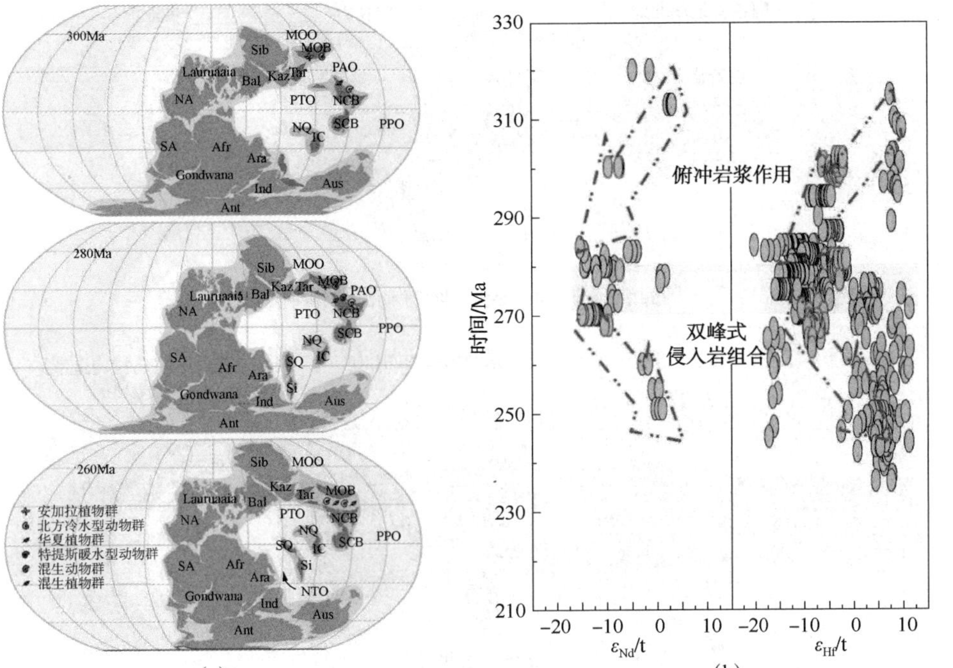

(a)　　　　　　　　　　　　(b)

图 4-29　基于古地磁与古生物证据的晚古生代阿拉善地块北缘及邻区构造古地理演化图(a)和晚古生代阿拉善地块北缘侵入岩全岩 Nd 同位素和锆石 Hf 同位素演化特征(b)

MOO—蒙古-鄂霍次克洋；PAO—古亚洲洋；PPO—古太平洋；PTO—古特提斯洋；NTO—新特提斯洋；Sib—西伯利亚；Kaz—哈萨克斯坦；Tar—塔里木；MOB—蒙古地体；Bal—波罗的海；NCB—华北板块；SCB—华南板块；NQ—北羌塘；SQ—南羌塘；IC—印支地块；Si—滇缅泰马；NA—北美洲；SA—南美洲；Afr—非洲；Ara—阿拉伯；Ind—印度；Aus—澳大利亚；Ant—南极洲；

(a)据 Huang 等(2018)；(b)原始数据据 Liu 等(2017)

从上述地质事实可以看出，阿拉善地块北缘阿木山组沉积期和埋汗哈达组及其上覆二叠纪地层沉积期具有迥然不同的区域构造环境与盆地发育特征(见图 4-30)。具体而言，阿木山组沉积期，阿拉善地块北缘恩格尔乌苏以北发育大洋盆地(古亚洲洋)，宗乃山-沙拉扎山以及阿拉善地块北缘为俯冲大洋板块之上的陆缘岛弧。因此，恩格尔乌苏一带的阿木山组深海浊积岩当为海沟或弧前盆地的沉积物，而恩格尔乌苏以南地区的阿木山组应当是弧后边缘海盆地的沉积物。需要特别指出的是，阿木山组沉积期宗乃山-沙拉扎山与阿拉善地块之间不存在具有物源分隔意义的大洋，查干础鲁地区的基性岩乃弧后裂陷作用的岩浆响应[见图 4-30(a)]。阿木山组沉积后，即早二叠世晚期，恩格尔乌苏以北的古亚洲洋发生关闭[见图 4-30(b)]。中二叠世区域进入后碰撞伸展环境，阿拉善地块北缘发育近海后碰撞裂谷盆地，并沉积了埋汗哈达组及其上覆的二叠纪地层[见图 4-30(c)]。

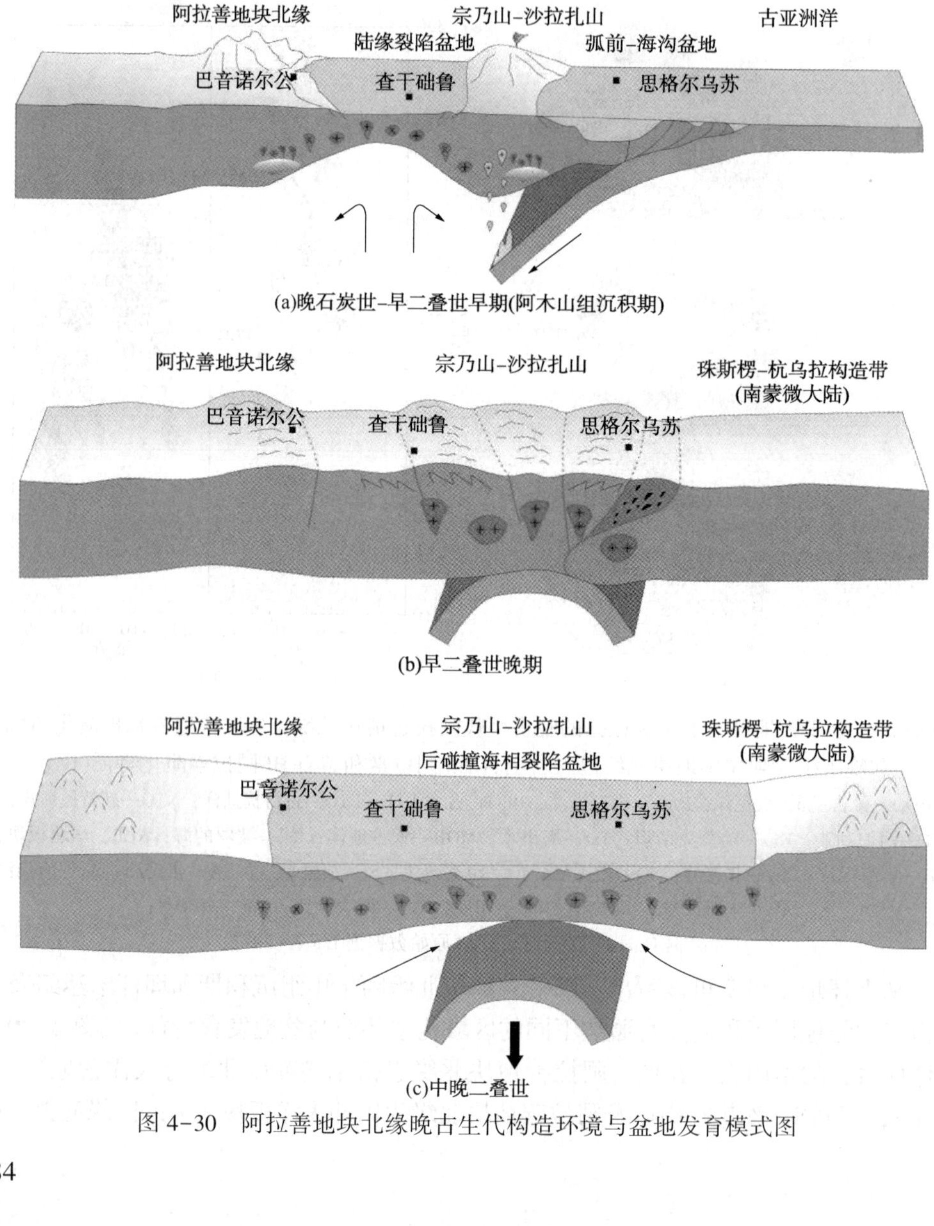

图 4-30 阿拉善地块北缘晚古生代构造环境与盆地发育模式图

第5章 石炭纪-二叠纪盆地后期改造特征

后期改造强烈而普遍是中国沉积盆地的重要特点，其原因在于中国大陆活动性强、深部作用活跃。因此，沉积盆地后期改造作用的深入研究对于客观评价资源潜力和丰富发展沉积盆地动力学理论均具有重要意义。本章以构造变形变位与岩浆热力活动等改造形式为纲，结合后期构造变动的热年代学记录等资料，详细剖析了阿拉善地块北缘石炭系-二叠系盆地后期改造的表现形式、期次、强度及其时空差异性，进而综合讨论后期改造特征及其发生的区域构造动力学环境。

第1节 构造变形变位特征与构造改造

沉积盆地发育后期及消亡之后，往往会经历多期次不同性质的构造变动，这些构造变动产生的变形变位效应通常会对盆地发育期沉积的地层产生不同效应的改造，主要包括抬升剥蚀、叠合深埋、构造变形、肢解残留、反转改造等类型(刘池洋，1996)。因此，揭示区域构造变形变位特征及过程对于客观认识构造改造作用具有重要意义。阿拉善地块北缘现今的地质地貌以低山残丘与沙漠特征为主，本节通过野外露头观察及卫星图片解析低山残丘地带的构造变形变位特征，对于沙漠覆盖区则利用地球物理资料进行构造解析。在此基础上，对某些重要断裂带进行构造年代学研究，进而综合分析讨论阿拉善地块北缘石炭纪-二叠纪盆地后期的构造变形变位过程与改造效应。

一、露头区构造变形变位特征

1. 石炭系-二叠系构造变形变位特征

野外露头解析显示，阿拉善地块北缘石炭系-二叠系岩层自沉积后经历了多期构造变动，构造形迹较为复杂。

宗乃山-沙拉扎山构造带的阿木山组可识别出3期褶皱作用(见图5-1)。在恩格尔乌苏、东德乌苏、查干础鲁地区，阿木山组岩石内普遍发育一系列规模不等的紧闭褶皱。这些紧闭褶皱的枢纽产状大都呈近东西向，且伴生近东西向的轴面劈理，反映了近南北向的挤压应力场。在这些紧闭褶皱的翼部或转折端，发育一些无根褶皱，褶皱形态常呈“M”形、“Z”形、“S”形，反映了早期褶皱作用的存在。

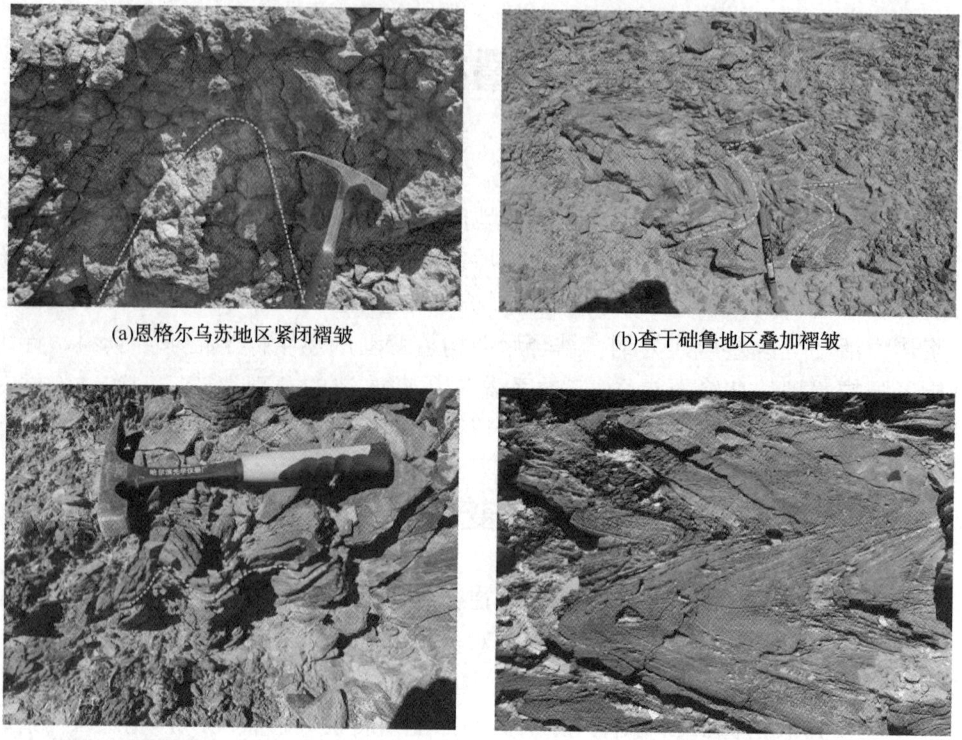

(a)恩格尔乌苏地区紧闭褶皱
(b)查干础鲁地区叠加褶皱
(c)东德乌苏地区M形褶皱
(d)东德乌苏地区倾竖褶皱

图 5-1　宗乃山-沙拉扎山构造带阿木山组褶皱变形野外露头特征

此外，在东德乌苏和查干础鲁地区可识别出一系列规模不等的倾竖褶皱，倾竖褶皱的轴面呈近东西向，枢纽近于直立。在卫星图片(见图 5-2)上倾竖褶皱亦清晰可见：东德乌苏东部地区的卫星图片发育 3 个轴面呈近东西向的褶曲；东德乌苏西南部地区的卫星图片中可见一个褶曲，褶皱轴面同样呈近东西走向。这些倾竖褶皱的轴面近于平行、枢纽近于直立，指示其为同期变形作用的产物。从卫星图片可见倾竖褶皱两翼相对宽缓，但其翼部在野外露头可观察到产状不协调的紧闭褶皱，反映倾竖褶皱的发育时限晚于紧闭褶皱。

需要注意的是，东德乌苏地区的阿木山组岩层被辉长岩脉体和花岗岩脉体侵入，且辉长岩脉体伴随阿木山组岩层发生了强烈的褶皱变形，而花岗岩脉体未发生变形，因此褶皱变形的时限晚于辉长岩脉体的侵位时限，而先于花岗岩脉体的侵位时限。王艳凯(2015)对这些岩脉的锆石 U-Pb 测试结果显示，变形的辉长岩脉体侵位年龄为(260±15)Ma、未变形的花岗岩脉体侵位年龄为(144±29)Ma。另外，宗乃山-沙拉扎山构造带内的阿木山组上覆的中下侏罗统岩层并不发育紧闭褶皱。因此，该构造带内阿木山组岩层紧闭褶皱变形的发育时限当为辉长岩脉侵位之后、侏罗系沉积之前，即位于二叠纪末-三叠纪。

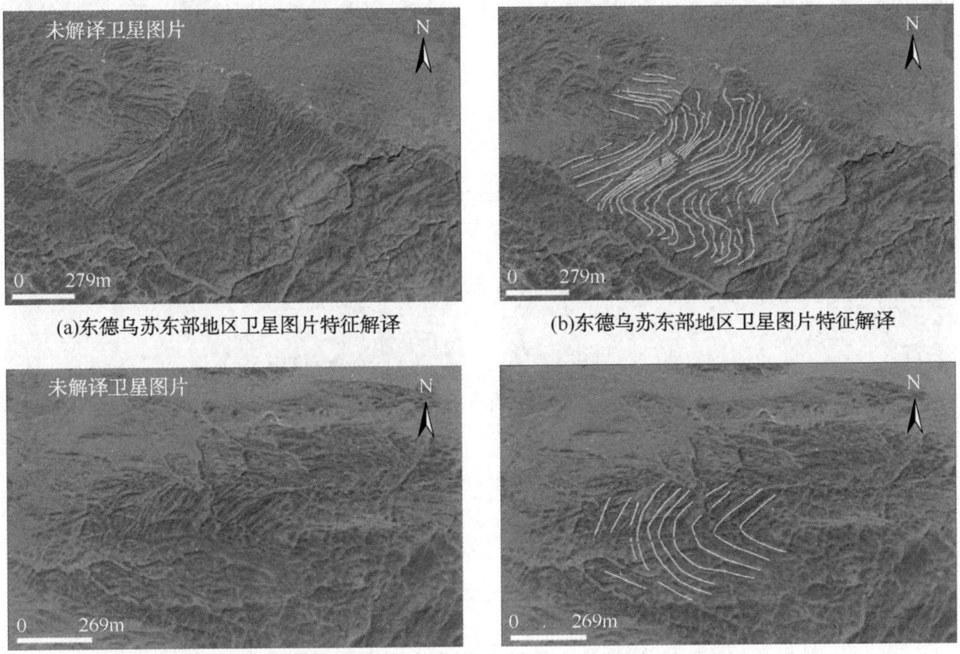

(a)东德乌苏东部地区卫星图片特征解译　(b)东德乌苏东部地区卫星图片特征解译

(c)东德乌苏西南地区卫星图片特征解译　(d)东德乌苏西南地区卫星图片特征解译

图 5-2　东德乌苏地区阿木山组倾竖褶皱卫星图片特征及解译

除了上述褶皱变形，宗乃山-沙拉扎山构造带的石炭系-二叠系还发育一系列脆、韧性断裂变形构造(见图 5-3)。恩格尔乌苏地区阿木山组岩层内发育一系列南倾北冲的逆断层，局部逆断层上盘发育南冲北倾的反向调节断层，该期逆断层可能与阿木山组紧闭褶皱的发育时限同期。恩格尔乌苏地区的阿木山组岩层内部还发育一系列走向北东、倾向近直立的断裂；在露头上可观察到这些北东向的断裂发生过多期不同性质的活动，从断裂带所表现出的正花状结构及擦痕来看，其主体具有左行走滑的运动学性质，且在次要断面上表现出明显的垂向运动特征。另外，查干础鲁地区的阿木山组一段发生强烈的韧性变形及片理化，且显微构造特征显示出由北向南的逆冲型韧性剪切特征；那仁哈尔地区的阿木山组一段岩层发育倾向为北北西向的脆性逆冲断层；查干础鲁和那仁哈尔地区皆位于查干础鲁深断裂带附近，且具有相同的运动学特征，因此其当为查干础鲁深断裂带同期构造变形在不同构造层次的出露。

与宗乃山-沙拉扎山构造带类似，珠斯楞-杭乌拉构造带的石炭系-二叠系在

(a)恩格尔乌苏地区南倾北冲逆断层及反向调节断层　(b)恩格尔乌苏地区北东向多期活动断裂局部特征

(c)查干础鲁地区韧性剪切变形　(d)那仁哈尔地区脆性逆冲断裂

图 5-3　宗乃山-沙拉扎山构造带阿木山组断裂变形野外露头特征

多期构造作用的叠加下亦形成了复杂的构造形迹。蒙根乌拉地区的卫星图片(见图 5-4)解译发现，哈尔苏海组岩层经历了多期褶皱叠加，表现为：该区褶皱枢纽以近东西向为主，但在局部出现了枢纽呈近南北向的褶皱，指示哈尔苏海组沉积后该区发生了两期褶皱变形，且以近南北向挤压作用形成的东西向构造构成主构造线。从野外露头来看，蒙根乌拉地区哈尔苏海组褶皱构造较为发育，主要的褶皱类型为同斜紧闭褶皱，且褶皱轴面北倾；伴随同斜紧闭褶皱发育一系列北倾南冲的逆断层，局部发育南倾北冲的反向调节断层，指示近南北向的挤压变形。

杭乌拉地区自北向南主要出露前寒武系切刀群、奥陶系、志留系和二叠系，这些地层呈近东西向展布，其间均呈断层接触(见图 5-5)。该区以近东西向延伸的挤压构造为主，表现为前寒武系切刀群逆冲推覆在其他不同时代地层之上。二叠系岩层内部主要发育轴面北倾的紧闭褶皱，这些褶皱在地表露头和卫星图片均可观察到。露头区可观察到埋汗哈达组岩层倾向或南或北，指示褶皱变形导致地层产状多变，且局部发育小尺度的紧闭褶皱；卫星图片上可看到杭乌拉山前的埋汗哈达组岩层发育近东西向延伸的线状褶皱。这些证据共同表明该区经历了近南北向的挤压变形。

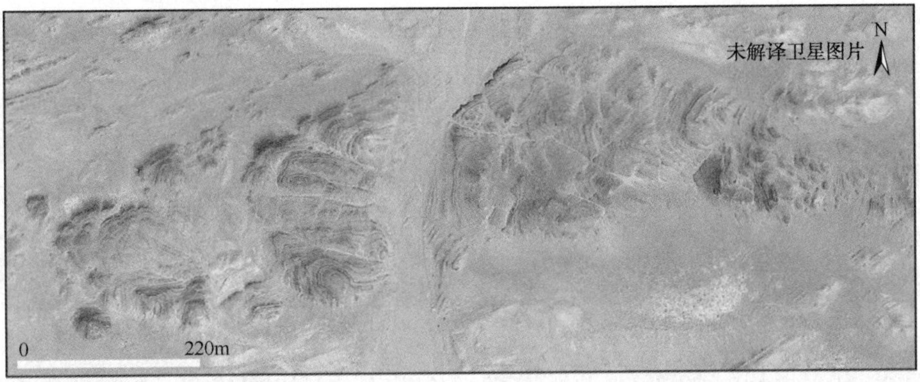

(a)

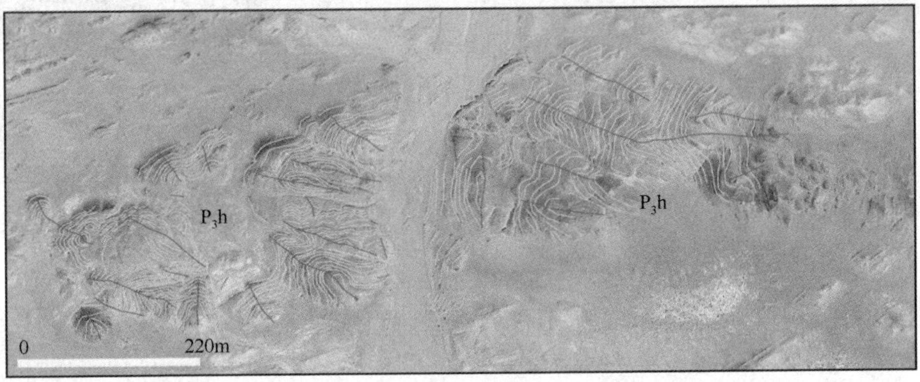

(b)

图 5-4 蒙根乌拉地区褶皱变形卫星图片特征(a)及解译(b)

埋汗哈达地区主要出露二叠系埋汗哈达组与阿其德组，野外露头显示该区广泛发育紧闭褶皱(见图 5-6)。该区的褶皱类型主要表现为同斜紧闭褶皱，枢纽呈近东西向，轴面南倾，局部枢纽呈北东或北西向，指示后期叠加褶皱的存在；该区还发育枢纽呈近东西向延伸的开阔褶皱叠加在早期紧闭褶皱之上，且开阔褶皱翼部常为北西和北东走向的共轭走滑断层所错断。在卫星图片上该区褶皱的枢纽以东西向为主，反映了早期同斜紧闭褶皱构成主构造线。需要特别注意的是，该区褶皱枢纽的产状并非一成不变，局部可见早期东西向的褶皱枢纽发生褶区，指示后期叠加褶皱的存在。

雅干地区主要出露二叠系哈尔苏海组，褶皱变形表现为同斜紧闭褶皱与宽缓褶皱相叠加复合(见图 5-7)，同斜紧闭褶皱的枢纽呈近东西向，轴面北倾，且伴生北倾南冲的逆断层，指示区域近南北向的构造挤压。此外，该区宽缓褶皱的枢纽产状呈北西西向，轴面近于直立，与同斜紧闭褶皱构成叠加褶皱。

(a)元古界与奥陶系呈断层接触

(b)逆冲断层下盘奥陶系褶皱变形特征

(c)奥陶系与二叠系埋汗哈达组呈断层接触

(d)埋汗哈达组紧闭褶皱发育特征

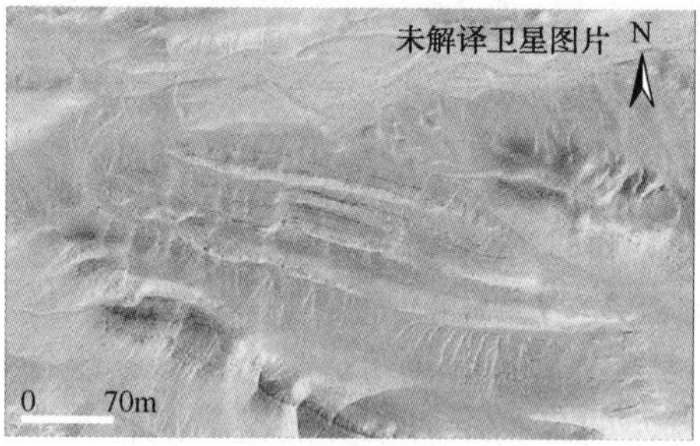

(e)埋汗哈达组线状褶皱卫星图片特征

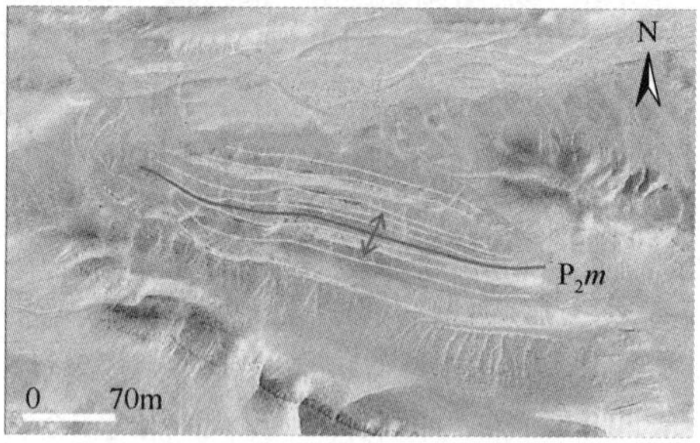

(f)埋汗哈达组线状褶皱卫星图片特征解译

图 5-5　杭乌拉剖面构造变形野外露头与卫星图片特征

从区域上看，珠斯楞-杭乌拉构造带的石炭系-二叠系广泛发育枢纽呈近东西向的同斜紧闭褶皱及伴生的劈理与逆冲断层，构成了自北向南发展的薄皮褶皱冲断带。由于上覆的上三叠统岩层并不发育同斜紧闭褶皱及相关伴生构造，因此该期南北向挤压构造变形形成于二叠纪末-中三叠世。需要特别指出的是，埋汗哈达地区的同斜紧闭褶皱轴面南倾，与珠斯楞-杭乌拉构造带其他地区轴面北倾的紧闭褶皱显示出截然不同的几何学特征，这主要是因为其北侧的泥盆纪花岗岩在挤压变形中起到“砥柱”作用，以至于埋汗哈达地区与其他地区表现出不同的构造几何学特征。此外，雅干地区和埋汗哈达地区发育大量北东向的走滑断层，

(a)埋汗哈达组砂岩发育紧闭褶皱-1

(b)埋汗哈达组砂岩发育紧闭褶皱-2

(c)埋汗哈达组岩层内部发育向北逆冲的断裂
及相关褶皱变形

(d)埋汗哈达组褶皱翼部灰岩被北东向走滑断层错断

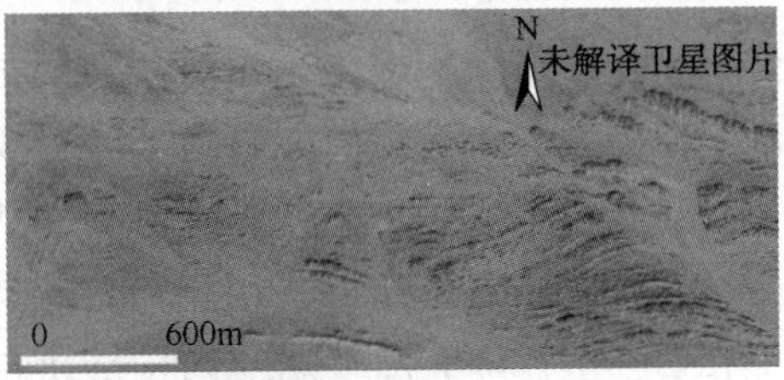

(e)埋汗哈达组叠加褶皱卫星图片特征

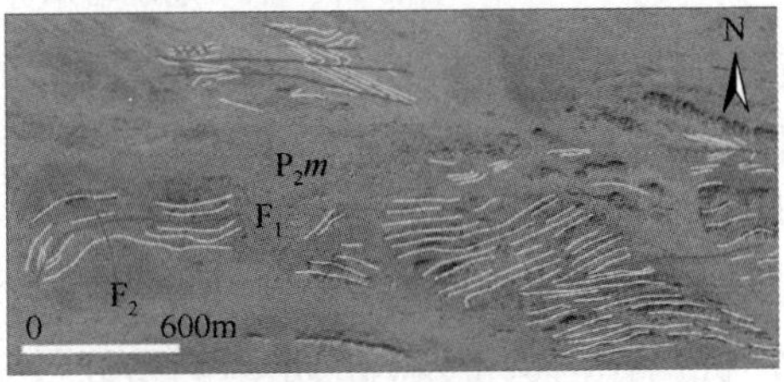

(f)埋汗哈达组叠加褶皱卫星图片特征解译

图 5-6　埋汗哈达地区构造变形的野外露头与卫星图片特征

这些走滑断层围绕鼎新-霍东哈尔断裂带分布，局部断裂带的岩石发生强烈的变形变质，但由于缺乏上覆地层的约束，其走滑变形时代在野外难以确定。

综合来看，阿拉善地块北缘石炭系-二叠系普遍发育近东西向延伸的紧闭褶皱，并伴生相关逆冲断裂与劈理，且在恩格尔乌苏地区表现为南倾北冲，在查干础鲁-那仁哈尔一带表现为北倾南冲，即宗乃山-沙拉扎山南北两侧形成背冲构造。该期构造的变形时限为二叠纪末-中三叠世，反映区域近南北向强烈的挤压变形，其与阿拉善地块北缘二叠纪盆地的消亡密切相关。在区域性的紧闭褶皱形成之前，阿拉善地块北缘的阿木山组已经发生了一次褶皱变形，现今主要表现为

(a)哈尔苏海组的逆冲断层与紧闭褶皱，表现出自北向南的挤压变形特征

(b)紧闭褶皱的岩层强烈劈理化

(c)哈尔苏海组的宽缓褶皱

图 5-7　雅干地区哈尔苏海组构造变形野外露头特征

无根褶皱，且阿木山组与埋汗哈达组呈不整合接触，因此在阿木山组沉积后、埋汗哈达组沉积前，阿拉善地块北缘应当发生了一期构造变动，其应是该区晚石炭世-早二叠世盆地消亡的构造响应。此外，宗乃山-沙拉扎山构造带发育倾竖褶皱与走滑构造，其与中新生代多期陆内构造事件产生的压扭作用密切相关；珠斯楞-杭乌拉构造带发育的走滑构造以及宽缓褶皱也与中新生代多期陆内构造事件密切相关。

2. 中新生界构造变形变位特征

阿拉善地块北缘的中新生代地层主要出露白垩系与新生界，零星出露上三叠统、中下侏罗统。该区的上三叠统与下伏的古生界呈角度不整合接触，与侏罗系未见直接接触，与白垩系呈不整合接触；侏罗系与上覆的白垩系呈不整合接触；白垩系下统与上统呈不整合接触，白垩系上统与第三系始新统呈平行不整合接触；始新统与第四系呈平行不整合接触。这些不整合面指示阿拉善地块北缘中新生代经历了多期构造事件的叠加复合。

阿拉善地块北缘的上三叠统主要出露于珠斯楞-杭乌拉构造带，岩性为陆相环境沉积的粗碎屑岩(见图 5-8)，主要表现为缓倾的单斜构造，褶皱和断裂构造相对不发育。根据岩性特征以及同期火成岩年代学及其岩石地球化学特征，阿拉善地块北缘上三叠统粗碎屑岩沉积于后造山期的伸展性盆地(Wang 等，2004)。在切刀地区与尼除滚哲勒德地区可见上三叠统中发育挤压构造。这些上三叠统岩层的挤压构造常与中新元古界飞来峰相伴，表明二者形成于相同的构造动力学背景。

(a)上三叠统粗碎屑岩交错层理

(b)下中侏罗统复成分砾岩

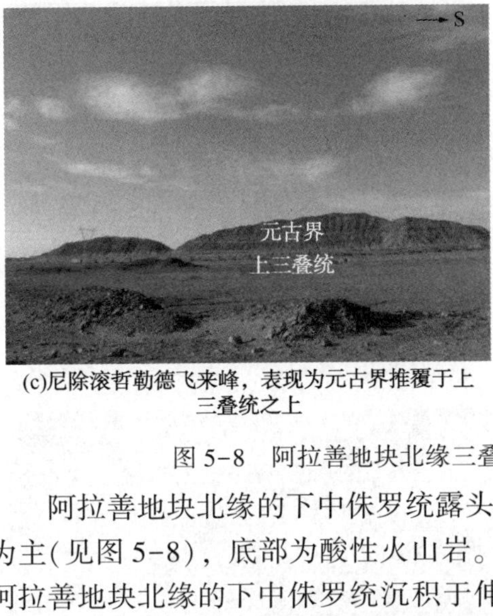

(c)尼除滚哲勒德飞来峰，表现为元古界推覆于上三叠统之上

(d)上三叠统局部见北倾南冲的逆断层及伴生褶皱

图 5-8　阿拉善地块北缘三叠系-侏罗系沉积与构造变形特征

阿拉善地块北缘的下中侏罗统露头分布极为有限，岩性以杂色砂砾岩、砂岩为主(见图 5-8)，底部为酸性火山岩。从区域构造背景及火山岩地化特征来看，阿拉善地块北缘的下中侏罗统沉积于伸展性的裂陷盆地(靳久强等，2000；Ritts 等，2001)。此外，珠斯楞-杭乌拉构造带发育大规模的逆冲推覆构造(飞来峰)，主要表现为中新元古界逆冲或推覆于上三叠统、志留系、奥陶系、寒武系等岩层之上，局部表现为泥盆系逆冲于二叠系哈尔苏海组之上或哈尔苏海组逆冲于上三叠统之上(郑亚东等，1990)。由于阿拉善地块北缘乃至东亚地区在中侏罗世末-晚侏罗世处于挤压构造背景(Dong 等，2015)，加之阿拉善地块北缘缺失上侏罗

统沉积，因此阿拉善地块北缘推覆构造的发育时限应与邻区相似，形成于中侏罗世末-晚侏罗世。

阿拉善地块北缘白垩系分布广泛，白垩系普遍超覆不整合于前白垩系或侵入岩体之上。从地质图与卫星图片来看，珠斯楞-杭乌拉构造带的白垩系岩层与前白垩纪地层构成的隆起带呈北东向相间分布，显示出伸展盆岭构造的特征。从野外露头来看，阿拉善地块北缘下白垩统巴音戈壁组下部为山麓-河湖相粗碎屑岩，上部为河湖-湖泊相细碎屑岩；苏宏图组主要由双峰式火山岩与碎屑岩组成；下白垩统岩层普遍可见北东向延伸的同沉积正断层(见图 5-9)。此外，阿拉善地块北缘亚干、英巴等地发育早白垩世伸展变质核杂岩(Webb 等，1999；Yin 等，2017)。这些特征反映阿拉善地块北缘早白垩世主体处于伸展裂陷环境，并形成了北东向堑垒相间的盆岭构造格局。阿拉善地块北缘的上白垩统与下白垩统呈不整合接触，岩性主要为红色细粒碎屑岩，局部夹石膏；上白垩统岩层产状平缓，局部可见延伸至下白垩统的逆断层，其与上、下白垩统之间的不整合面共同反映早、晚白垩世之间存在构造反转，且构造体制从断陷转换为坳陷。卫星图片(见图 5-10)显示局部地区的白垩系发生了宽缓的褶皱作用，如恩格尔乌苏西侧阿尔

(a)下白垩统巴音戈壁组粗碎屑岩及北东向同沉积正断层

(b)下白垩统苏宏图组玄武岩

(c)上白垩统红层，且其与下白垩统呈微角度不整合接触

(d)苏宏图组小型逆断层

图 5-9　阿拉善地块北缘白垩系沉积与构造变形特征

诺尔一带的下、上白垩统在卫星图片上显示出明显的褶皱变形，枢纽呈近东西向，褶皱核部由苏宏图组火山岩及微角度不整合其上的上白垩统碎屑岩组成，翼部由上白垩统的碎屑岩组成，东端倾没于第四系之下；银根地区白垩系的褶皱变形同样在卫星图片上清晰可见，表现为多个轴向为北东向的向斜与背斜相间呈斜列状分布。这些证据指示阿拉善地块北缘局部地区的下、上白垩统均卷入了宽缓的褶皱变形，表明该期宽缓的褶皱变形发生在白垩系沉积之后，主要反映了新生代构造事件的差异改造。

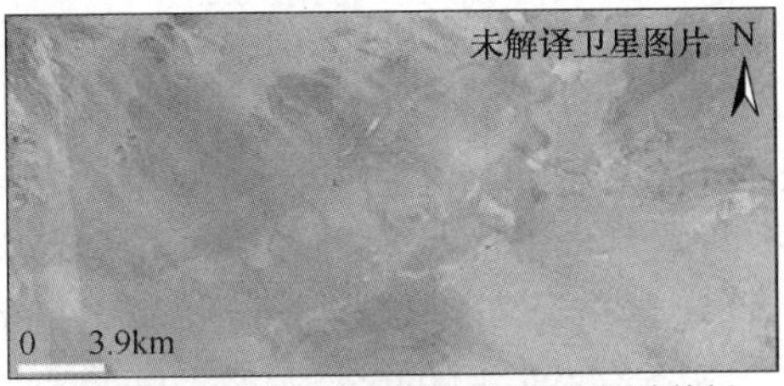

(a)银根地区巴音戈壁组褶皱变形卫星图片特征及解译

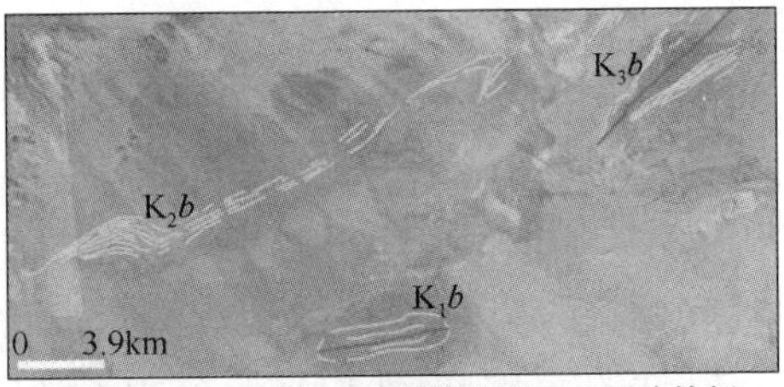

(b)银根地区巴音戈壁组褶皱变形卫星图片特征及解译

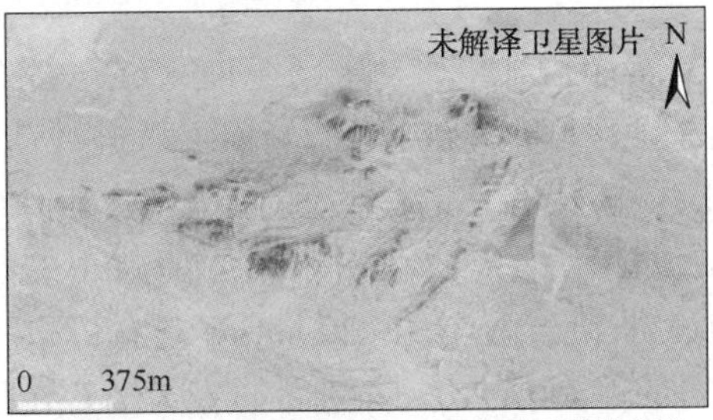

(c)恩格尔乌苏西侧阿尔诺尔地区白垩系褶皱变形卫星图片特征及解译

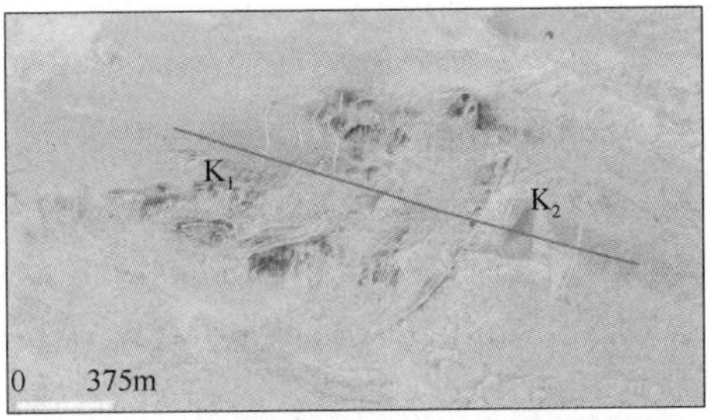

(d)恩格尔乌苏西侧阿尔诺尔地区白垩系褶皱变形卫星图片特征及解译

图 5-10 阿拉善地块北缘白垩系褶皱变形的卫星图片特征及解译

阿拉善地块北缘普遍缺失新生代早期沉积记录，指示该期发生了构造隆升。始新世晚期，阿拉善地块北缘局部发生构造沉降，并沉积一套杂色碎屑岩。嗣后，阿拉善地块北缘又复抬升，直至第四纪才再次沉降并接受沉积，主要形成冲洪积相的粗碎屑岩与风成砂岩。

二、覆盖区构造变形变位特征

阿拉善地块北缘沙漠覆盖较为严重，近年来油气资源调查采集获得的地球物理资料为研究覆盖区石炭纪–二叠纪及后期的构造变动与改造提供了重要资料。这些地球物理资料主要包括区域性的非震物探资料和宗乃山–沙拉扎山以北地区的地震勘探资料。

1. 非震物探资料

阿拉善地块北缘现有的非震物探资料主要包括区域性磁力、重力资料以及横穿盆地的重磁电大剖面。

阿拉善地块北缘的磁力和重力特征已在区域地球物理场部分做了介绍，不再赘述，现对该区重力资料所反映的浅表盆地结构构造特征进行分析。剩余重力异常特征能够反映地壳浅部的结构与构造特征，阿拉善地块北缘的剩余重力异常呈现为众多面积狭小的正、负异常突变带，且各异常带连通性差。地震与钻测井资料显示，负异常带大都对应着白垩系断陷湖盆，正异常带则对应白垩系断陷湖盆之间的隆起带(卢进才等，2012)。显然，阿拉善地块北缘的剩余重力异常主要揭示了白垩系盆地的结构特征，其表现为呈弥散式分布的北东向断陷盆地群，总体上构成正负相间的盆岭构造。另外，白垩系断陷盆地群的发育明显受前白垩纪盆地基底构造的影响，具体表现为：断陷群的发育与分布受区域深大断裂带的控制；刚性的宗乃山-沙拉扎山分割了断陷群。从后期改造的角度来看，断陷湖盆区的沉降埋藏作用对于石炭系-二叠系的保存较为有利，隆起区的石炭系-二叠系则持续接受剥蚀。

近年来，阿拉善地块北缘还采集了若干横穿盆地的北西-南东向重磁电综合物探大剖面，本书以 DD-08-03 剖面为例阐述区域结构构造特征(卢进才等，2012)。DD-08-03 剖面位于阿拉善地块北缘中东部，北起洪果尔山，南至雅布赖山(见图 5-11)。该剖面的布格重力异常值显示出由西北向东南逐渐减小的趋势，由测线西北段的-160mGal(毫伽)左右减小到东南端的-200mGal 左右；重力异常具有波状起伏的特征，显示出盆岭相间的构造格局。该剖面的磁力 ΔT 异常曲线显示磁场变化快，局部的强磁异常显示磁性体的发育，相对平稳变化段主要为中生代盆地基底的特征。视电阻率在纵向上显示出由高频向低频变化的趋势；在横向上，高频段的低电阻层显示出由东南向西北变薄的特征；电阻率断面上的等值线密集梯级带或电性突变带，同时在相位断面上具有电性异常值突变带，通常指示断裂构造的存在(卢进才等，2012)。将 DD-08-03 剖面的重磁电资料综合起来看，中生界白垩系具有典型的盆岭构造格局，即雅布赖、宗乃山和拐子湖 3 个隆起带夹着两个坳陷带，各坳陷带内又显示出凹陷与凸起相间的结构特征，且北部坳陷带白垩系沉积较厚，南部坳陷带白垩系厚度相对较小；上古生界在剖面北部地区出露地表，南北白垩系坳陷带之下普遍发育上古生界，坳陷带内的断陷沉降区上古生界厚度较大，凸起区上古生界厚度较薄或缺失。另外，宗乃山的南北两侧及中部均存在重磁电突变带，显示其南北两侧及中部均存在深大断裂带，且可能在深部构成花状构造。

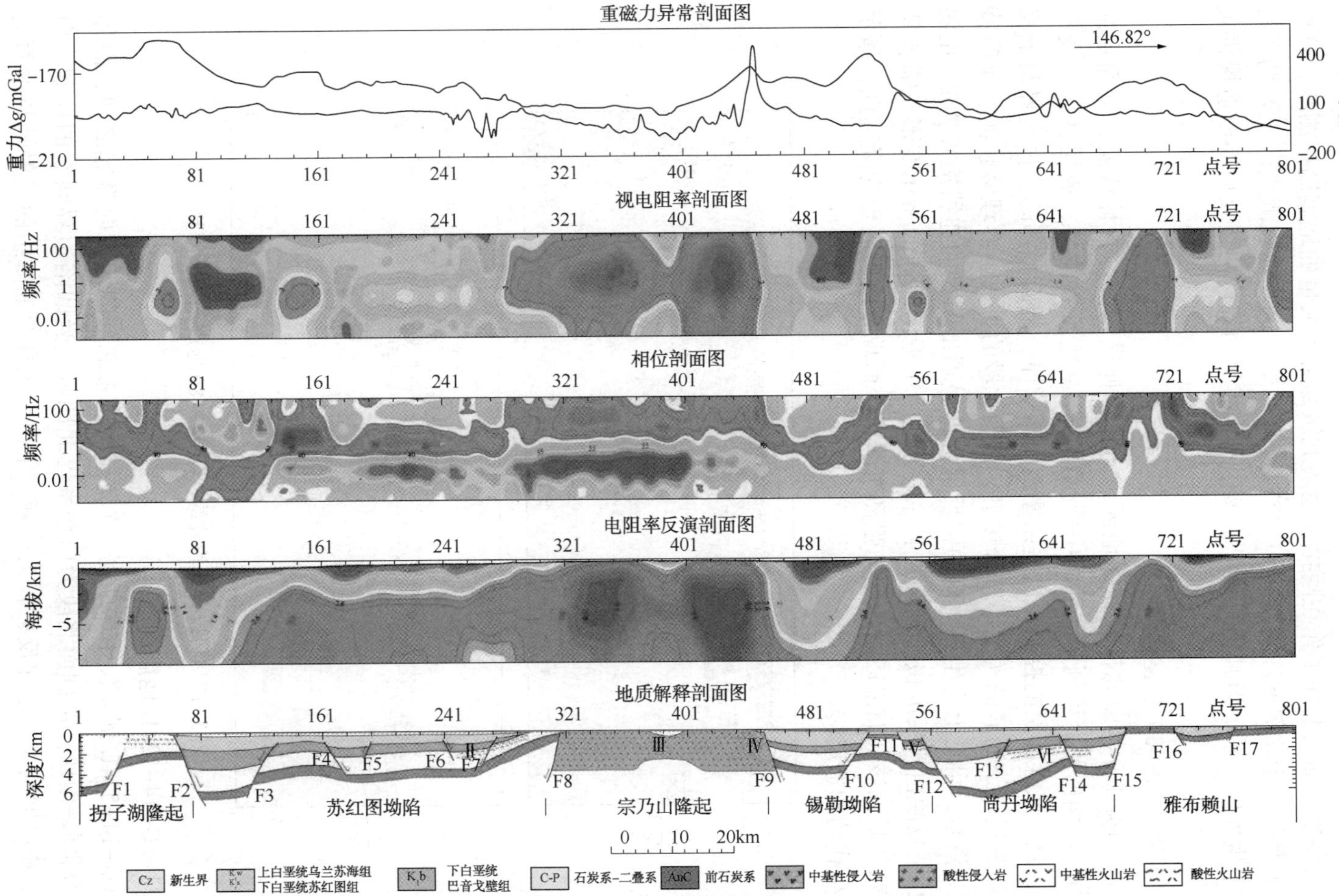

图5-11 阿拉善地块北缘DD-08-03剖面重磁电综合物探解译图（卢进才等，2012）

重磁力异常剖面图内上方曲线为磁力异常，下方曲线为重力异常

2. 地震资料

近年来，油气勘探工作在阿拉善地块北缘部署了大量的地震勘探测线，这些测线主要分布于北部的珠斯楞-杭乌拉构造带。虽然这些地震测线的主要勘探目标为中生界白垩系，但其仍可为揭示该区上古生界的结构构造及后期改造提供重要资料。

1）YG-14-480 地震剖面

YG-14-480 剖面北接珠斯楞地区，向南延伸进入巴丹吉林沙漠，剖面走向为北北东-南南西。该剖面上部的中新生代地层层序反射清楚、成层性好、变形简单，且受张性断层的控制，白垩系厚度向南增厚；剖面下部的上古生界与上覆的中生界呈现出明显的角度不整合接触，剖面北段的上古生界埋藏较浅、反射特征较为清楚，可见上古生界内幕的强反射界面呈现出明显的连续褶皱变形（见图 5-12），反映白垩系沉积前该区的上古生界遭受了近南北向的挤压变形。需要特别注意的是，该剖面南段白垩纪为强烈沉降区，而现今南段表现为隆起区，指示了新生代的构造反转。

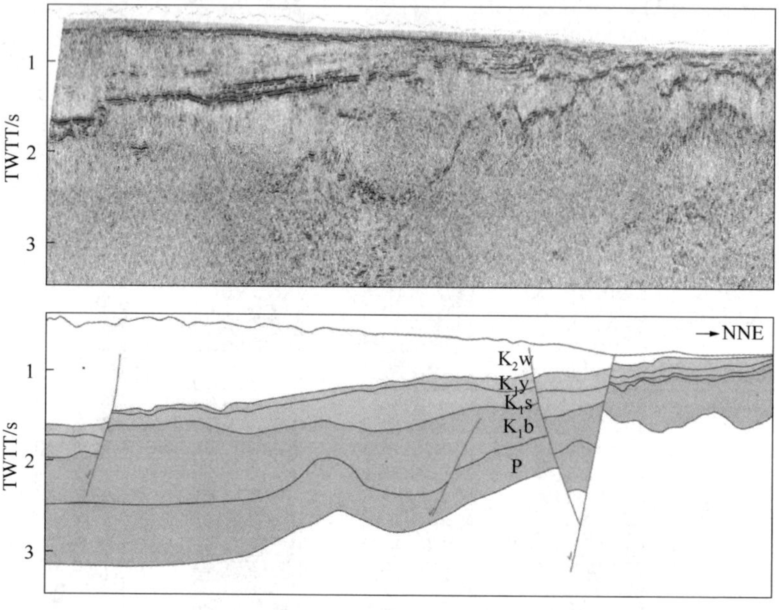

图 5-12　阿拉善地块北缘 YG-14-480 地震剖面及解释

2）YG-14-524E 地震剖面

YG-14-524E 剖面位于珠斯楞-杭乌拉构造带北部的北东向隆起之间，总体走向为北东-南西。该剖面北段为白垩系巴北凹陷，受凹陷边界断裂的控制，白垩系沉积厚度巨大，层序反射较为清晰。上白垩统乌兰苏海组的反射轴与地面斜交，反映乌兰苏海在沉积之后发生了构造隆升或掀斜；白垩系下伏的上古生界整体发射较弱，但可见残存的上古生界半地堑（见图 5-13）。剖面中段为隆起带，南段在白垩系之下可见上古生界的强反射波组，且表现出连续的褶皱变形，指示上古生界沉积后经历了挤压变形。

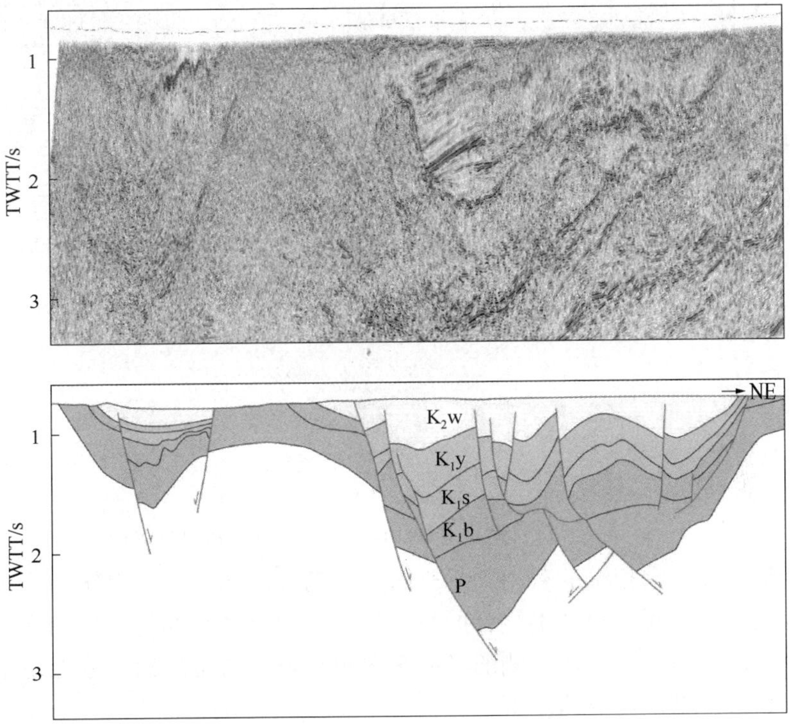

图 5-13　阿拉善地块北缘 YG-14-524E 地震剖面及解释

3）YG-14-207 地震剖面

YG-14-207 剖面位于白垩系哈日凹陷中北部，剖面走向为北西西-南东东。该剖面白垩纪沉积层序反射界面较为清晰，显示为一个“东南断西北超”的箕状断陷（见图 5-14）。从地震反射特征与同相轴的截切关系来看，下白垩统银根组与苏宏图组、银根组与上白垩统乌兰苏海组之间的不整合面较为清楚；白垩系底部与下伏的上古生界之间为一强反射面，上古生界内幕地震反射品质较差，表现为强振幅、低连续性，内部的结构与构造难以识别解释。

4）YG-14-243E 地震剖面

YG-14-243E 剖面走向为北西-南东，剖面西起白垩系巴北凹陷，经杭乌拉隆起带向东南进入白垩系乌兰凹陷。从剖面反射特征来看，白垩纪沉积层序反射界面较为清晰，巴北凹陷表现为“西北断东南超”的箕状断陷，乌兰凹陷则为双断型凹陷，总体呈现出白垩纪北东向断陷与隆起带相间分布的特征（见图 5-15）。

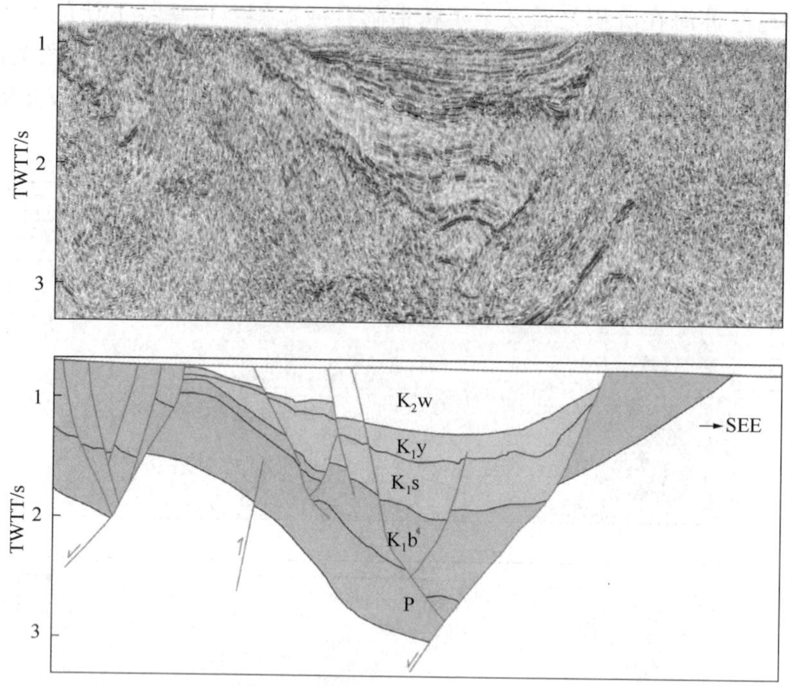

图 5-14　阿拉善地块北缘 YG-14-207 地震剖面及解释

从地震反射特征与同相轴的截切关系来看，在乌兰凹陷上，白垩统乌兰苏海组与下白垩统银根组之间的角度不整合面较为清楚；白垩系底部与下伏的上古生界的角度不整合面在乌兰凹陷西南侧的隆起带表现得较为清楚。白垩系之下的上古生界分辨率较差，难以进行精细解释。

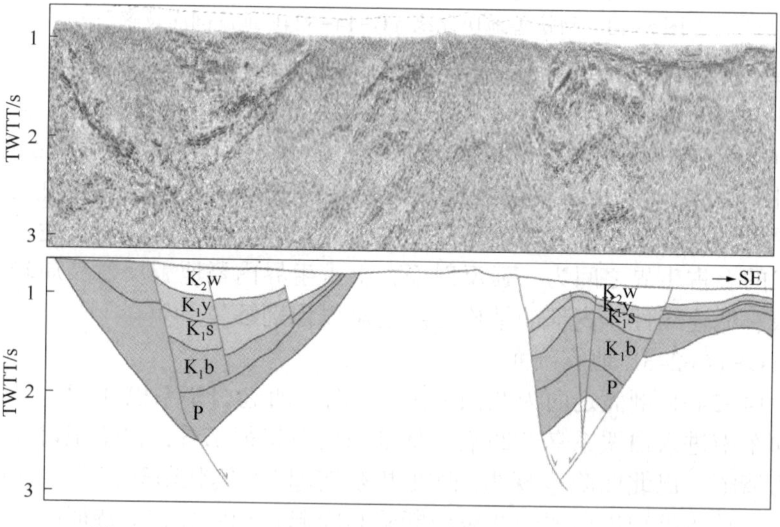

图 5-15　阿拉善地块北缘 YG-14-243E 地震剖面及解释

综合来看，上述地震资料揭示阿拉善地块北缘的上古生界在白垩系沉积前经历了较强的南北向挤压，形成了近东西向延伸的褶皱构造。早白垩世巴音戈壁组-苏宏图组沉积期，阿拉善地块北缘受北西-南东向伸展作用的控制，形成了凹隆相间的北东向断陷盆地群；苏宏图组沉积末期，该区发生短暂的构造反转，局部形成收缩构造，且造成苏宏图组与上覆的银根组呈角度不整合接触。嗣后，银根组沉积期区域进入断坳转换构造体制，断裂活动性整体减弱，显示出坳陷沉降的特征；银根组沉积末期，阿拉善地块北缘再次发生构造反转，形成了上、下白垩统之间的区域性不整合面。晚白垩世乌兰苏海沉积期，阿拉善地块北缘整体显示出裂后热沉降的特征，在相对稳定的构造环境下沉积了厚度较大的河湖相地层；晚白垩世晚期以及新生代构造作用产生的差异隆升，使局部地区的乌兰苏海组抬升至地表遭受剥蚀。

三、断裂构造年代学

断裂构造是岩石圈广泛发育的基本构造类型之一，也是区域构造变形与地球动力学过程的重要表现形式之一。因此，准确厘定断裂活动时限及序列对于解析区域构造演化过程与地球动力学环境意义显著。断裂活动的时限及序列可以定性地通过卷入变形的地层层序来确定。具体来说，断裂所切穿的最年轻地层可用来约束断裂活动的上限，而未卷入断裂变形的最老地层则通常用来约束断裂活动的下限。此外，通过分析前变形期、同变形期以及后变形期的地层结构与沉积记录亦可解析断裂活动的时限及序列，如生长地层的发育特征被用来约束断裂活动的时限与强度。然而在同变形期沉积地层缺失时，上述方法并不能有效确定断裂活动时限(Zhang 等，2018)。对于深大断裂带而言，强烈的断裂活动通常伴随着岩浆活动，因而限定与断裂活动具有成生关系的岩体或岩脉侵位时间，也是约束断裂活动时限的重要手段。

阿拉善地块北缘西部的二叠系岩层发育众多北东向的走滑断裂，由于缺少上覆地层的约束，这些断裂带的活动时限难以准确限定。笔者在霍东哈尔和黑石山地区发现了较多与走滑断裂具有成生关系的岩脉(见图 5-16)，在此试图通过对这些岩脉的定年进而约束断裂活动时限，以期为阿拉善地块北缘的构造变形变位研究提供约束信息。

1. 鼎新-霍东哈尔断裂

重磁资料揭示北山造山带与阿拉善北缘的分界断裂为鼎新-霍东哈尔断裂，且其可能为阿尔金断裂带向东北延伸的分支断裂。地质图及卫星图片显示该断裂在霍东哈尔一带二叠系哈尔苏海组岩层内具有明显的走滑特征(见图 5-16)，但由于缺乏上覆地层约束，其断裂活动时限难以确定。幸运的是，霍东哈尔地区发

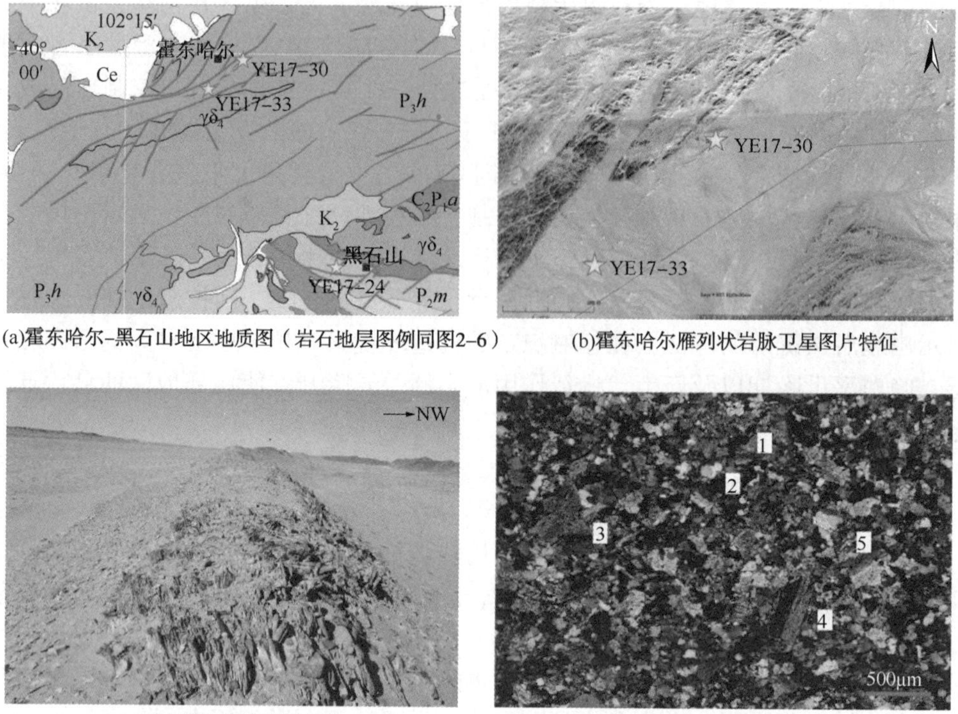

(a)霍东哈尔-黑石山地区地质图（岩石地层图例同图2-6）

(b)霍东哈尔雁列状岩脉卫星图片特征

(c)霍东哈尔岩脉强劈理化

(d)霍东哈尔岩脉镜下特征

图 5-16　霍东哈尔地区岩脉发育特征及镜下特征

1—碳酸盐；2—石英；3—绿泥石；4—斜长石；5—碱性长石

育一系列花岗岩脉体，花岗岩脉体呈雁列状，强劈理化，劈理方向与地球物理资料所确定的主断裂走向一致。通过镜下鉴定，脉体岩石主要由斜长石、碱性长石、石英和绿泥石组成，另含有极为微量的碳酸盐和铁质凝聚物，具有不等粒他形结构特征(见图 5-16)，属于岩浆作用与热液混合物的结晶产物，不属于一般意义上的岩浆岩。显然，该组雁列状花岗岩脉与断裂活动密切相关，其侵位年龄可限定鼎新-霍东哈尔断裂的活动时限。

我们采集了两个岩脉的样品进行锆石 LA-ICP-MS 原位微区 U-Pb 锆石定年。样品 YE17-30 测试 25 个点，获得 21 个有效数据(见图 5-17)；其中 11 颗锆石构成最小的年龄组分，其平均值为(233.3±2.9)Ma，解释为岩脉侵位年龄；另外 10 颗锆石年龄较大，属于继承锆石；其中最老的继承年龄为(2498±38)Ma，指示该区存在古老基底。样品 YE17-33 测试 25 个点，获得 16 个有效数据(见图 5-17)；其中 12 颗锆石构成最小的年龄组分，其平均值为(235.0±5.7)Ma，解释为岩脉侵位年龄；另外 4 颗锆石年龄较大，属于继承锆石。

从测试结果来看，鼎新-霍东哈尔断裂周缘的 2 个雁列状花岗岩脉样品具有

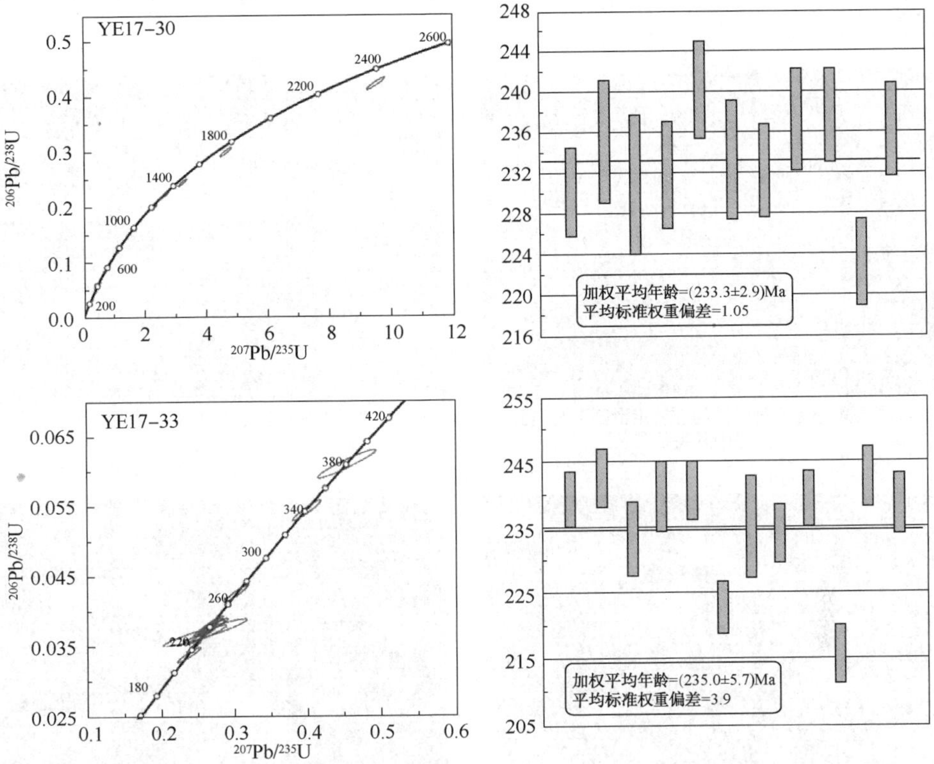

图 5-17　霍东哈尔雁列状花岗岩脉样品锆石 U-Pb 年龄谐和图与加权平均年龄

较为一致的锆石 U-Pb 结晶年龄，年龄值分别为(233.3±2.9)Ma 和(235.0±5.8)Ma，指示该断裂在印支期存在强烈的活动。从雁列状花岗岩脉的成因来看，鼎新-霍东哈尔断裂在印支期发生强烈的走滑剪切活动，导致断裂带附近的地壳岩石发生部分熔融，并上升侵位形成呈雁列状展布的花岗岩脉体。另外，近年来的研究显示阿尔金断裂在印支期也存在较为强烈的走滑活动(Wang 等，2010)，进一步指示鼎新-霍东哈尔断裂与阿尔金断裂存在密切联系。

2. 黑石山北东向左行走滑断裂

黑石山地区的二叠系埋汗哈达组被一系列北东向左行走滑断裂错断[见图 5-18(a)]，但断裂的活动时限同样缺乏约束。我们在黑石山地区发现沿走滑断裂带发育岩浆岩脉，并采集样品 YE17-24 进行镜下鉴定及测年。镜下鉴定结果显示，岩脉主要由碱性长石和石英以及半晶质绿泥石、极为微量的铁质凝聚物组成，几乎全部由长英质物和微量的绿泥石与铁质物组成，石英含量极高，不属于常规花岗质岩浆活动的产物，可能为花岗质低温熔体超浅层侵入结晶的产物(见

图 5-18)。显然，该岩脉同样为断裂活动的产物，其侵位年龄可约束断裂活动时限。

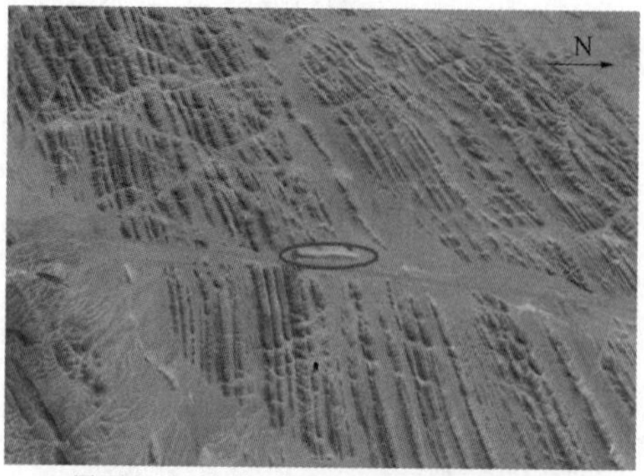

(a)黑石山地区埋汗哈达组左行走滑断裂与岩脉卫星图片特征

(b)黑石山岩脉野外特征

(c)黑石山岩脉野外特征

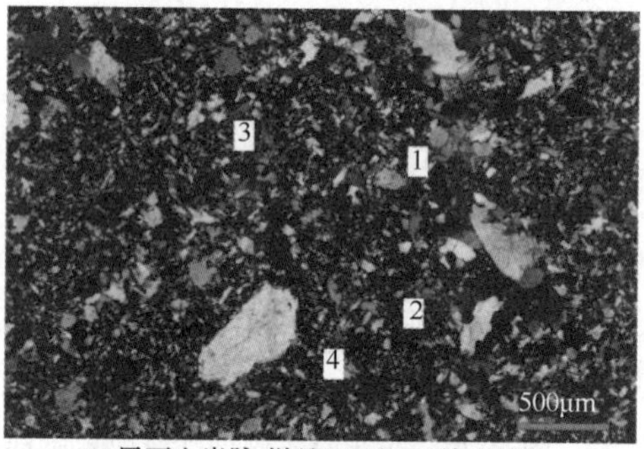

(d)黑石山岩脉(样品YE17-24)镜下特征

图 5-18　黑石山岩脉发育特征及镜下特征

1—碳酸盐；2—石英；3—玉髓；4—碱性长石

样品 YE17-24 完成锆石 U-Pb 定年 20 个测试点，获得 18 个有效数据，其中 4 颗锆石构成最小的年龄组分，其平均值为(233.0±8.3)Ma(见图 5-19)，解释为岩脉侵位年龄，指示黑石山地区在印支期发生了左行走滑断裂变形。另外 14 颗锆石年龄较大，属于继承锆石，其中最大的年龄为(1777.3±40)Ma，指示该区存在古老基底。

从区域上看，黑石山地区埋汗哈达组的北东向左行走滑断裂的活动时限与鼎新-霍东哈尔断裂同期，均表现为印支期强烈的走滑活动；黑石山地区的北东向左行走滑断裂与鼎新-霍东哈尔断裂相距不远，且二者走向近乎平行，暗示黑石山地区的北东向左行走滑断裂可能属于鼎新-霍东哈尔断裂的次级分支断裂，同时也表明印支期的左行走滑变形对于霍东哈尔-黑石山地区的二叠系具有较强的改造作用。

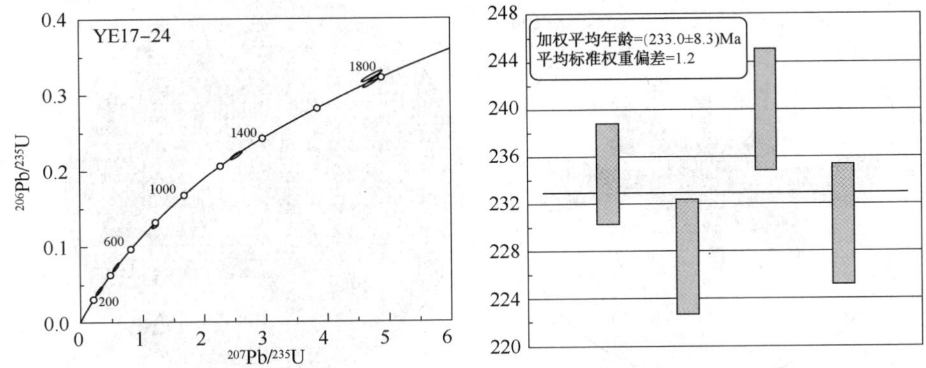

图 5-19 黑石山地区左行走滑断裂带伴生岩脉锆石 U-Pb 年龄谐和图与加权平均年龄

四、构造变形变位过程及其改造效应

前文已揭示阿拉善地块北缘石炭纪-二叠纪盆地经历了多期构造的叠加与复合，形成了复杂有序的构造变形格局。本小节综合讨论阿拉善地块北缘的构造变形变位特征，并结合区域地质调查资料，通过统计地表露头区的构造要素进行变形系统分析，进而讨论石炭纪-二叠纪盆地的构造变形变位过程及时空差异性与其产生的改造效应。

阿拉善地块北缘石炭纪-二叠纪盆地的后期构造变动产生了较为复杂的构造格局，通过统计地表露头区的 479 条断裂构造要素发现(见图 5-20)：阿拉善地块北缘地表露头的断裂走向以近东西向为主，其次为北东向，此外还存在少量的北西和南北向断裂。从断裂的性质来看，近东西向断裂主要为逆冲断层和压扭断层；北东向断裂则主要为正断层和走滑断层；北西向和南北向的断层则为位移相对较小的扭性断层。

就构造变形期次而言，阿拉善地块北缘近东西向延伸逆冲断裂及紧闭褶皱主要发育于前中生界岩层，且在区域上均有分布，表明二叠纪末-中三叠世近南北向的挤压构造应力场奠定了该区的主构造线(Shi 等，2019)。阿拉善地块北缘北东向的走滑构造主要沿深大断裂分布，走滑构造明显切割早期的东西向构造，指示其发育时限晚于东西向挤压构造，且部分走滑断裂显示出多期活动的特征，如东戈壁断裂在晚三叠世和新生代均有活动(Heumann 等，2018)。阿拉善地块北缘北部发育近东西向延伸的飞来峰，卷入其中的最年轻的地层为上三叠统。结合区域资料认为，其发育时限为中侏罗世晚期-晚侏罗世(Zheng 等，1996；Shi 等，2019)。阿拉善地块北缘广泛分布的北东向正断层系主要发育于早白垩世地层，并显示出同沉积断层的属性，表明该区北东向的正断层及盆岭构造形成于早白垩

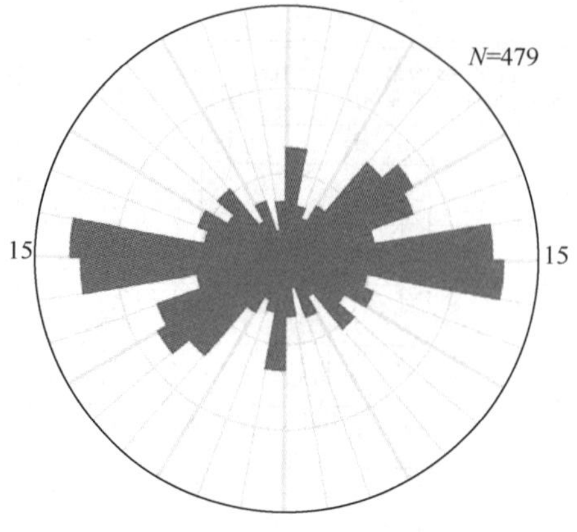

(a)阿拉善地块北缘断裂走向玫瑰花图

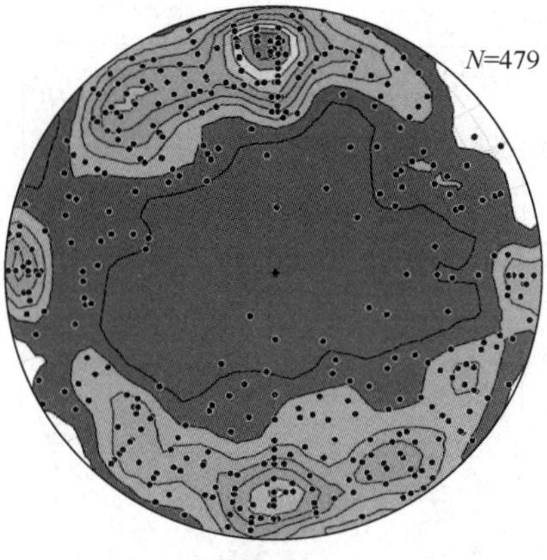

(b)与断裂产状等面积网极点密度图

图 5-20　地表露头区的 479 条断裂构造要素统计图

世。另外，局部地区的上、下白垩统卷入了宽缓的褶皱变形，其变形时限当为白垩纪之后的新生代，指示阿拉善地块北缘存在新生代构造变动(Heumann 等，2018)。

结合上述认识，可将阿拉善地块北缘石炭纪-二叠纪盆地后期的构造变形变位过程总结如下：上石炭统-下二叠统阿木山组沉积后，恩格尔乌苏以北的古亚洲洋发生关闭，导致阿拉善地块北缘的阿木山组发生构造变形与变位。该期变形变位的证据为，阿木山组内的无根褶皱以及阿木山组与上覆的埋汗哈达组呈不整合接触。嗣后，阿拉善地块北缘进入后碰撞伸展阶段，在近海裂谷盆地内沉积了埋汗哈达组及其上覆的二叠纪海相地层。二叠纪末-中三叠世，阿拉善地块北缘发生近南北向的挤压构造变形，导致二叠纪海相盆地关闭，该区上古生界岩层发生强烈的褶皱作用，且造成上古生界与上覆地层之间的区域性不整合面。晚三叠世，阿拉善地块北缘在扭张构造环境下，局部沉积了上三叠统的粗碎屑岩，并发育相关侵入岩体(Wang 等，2004)；部分深大断裂发生明显的左行走滑变形，如东戈壁断裂(Webb 等，2010)和鼎新-霍东哈尔断裂等。三叠纪末-侏罗纪早期，阿拉善地块北缘及邻区发生构造隆升并形成三叠系与侏罗系之间的不整合面，该不整合面虽在研究区未直接观察到，但在其邻区广泛分布，并得到低温热年代学研究的佐证(Tian 等，2016；彭恒等，2018；Zhang 等，2018，2019)。早中侏罗世，阿拉善地块北缘受区域伸展作用的控制发育张扭性质的裂陷盆地，导致上古生界叠合深埋。中侏罗世晚期-晚侏罗世，东亚地区多个板块之间发生相互作用并形成汇聚之势(Dong 等，2015)，阿拉善地块北缘发生构造反转与隆升，并造成侏罗系与上覆白垩系之间的区域不整合面(靳久强等，2000)。早白垩世，中东亚地区受蒙古-鄂霍次克造山带伸展垮塌与古太平洋俯冲弧后伸展作用的双重控制形成巨大的面状地壳伸展现象(Wang 等，2011)，阿拉善地块北缘表现为亚干和英巴伸展变质核杂岩的发育以及北东向伸展盆岭构造格局的形成，其中断陷湖盆沉降区下伏的上古生界叠合深埋，而隆起区的上古生界持续抬升并遭受剥蚀。早白垩世末期，阿拉善地块北缘发生构造反转，局部发育收缩构造，且形成上、下白垩统之间的区域不整合面。晚白垩世，阿拉善地块北缘受裂后热沉降的影响持续沉降沉积，致使沉降区的上古生界进一步深埋。新生代早期，阿拉善地块北缘缺失沉积记录，且下伏的白垩统局部显示出压扭变形的特征；直至始新世晚期，阿拉善地块北缘局部发生沉降；嗣后，阿拉善地块北缘又复抬升，直至第四纪才再次沉降并接受沉积。需要特别注意的是，阿拉善地块北缘处于东戈壁和阿尔金两条陆内左行走滑断裂带的侧接转换部位，其新生代的幕式沉降与隆升主要受这两条断裂新生代的走滑活动所影响(Heumann 等，2018)。

从空间上看，阿拉善地块北缘石炭纪-二叠纪盆地的后期构造变形变位过程存在明显的差异性，并叠加形成了 4 个特征各异的变形单元(见图 5-21)：①珠斯楞-杭乌拉构造区，包含珠斯楞构造小区和杭乌拉构造小区；②宗乃山-沙拉扎山构造区；③雅布赖构造区；④巴彦乌拉-狼山构造区。其中，珠斯楞-杭乌拉构造区主要发育近东西向的断裂与褶皱构造，指示近南北向挤压作用；珠斯楞构造小区的东西向构造明显被后期北东向走滑断裂切割，杭乌拉构造小区的近东西向构造则主要被早白垩世的正断层截切。宗乃山-沙拉扎山构造区主要发育近东西向断裂，还发育北东、北西两组次要共轭断裂系，指示近南北向的挤压作用。另外，宗乃山-沙拉扎山构造带还发育若干与恩格尔乌苏断裂平行的走滑断裂。雅布赖构造区主要发育近东西向、北东向、近南北向 3 组构造。巴彦乌拉-狼山构造区则以近东西向挤压构造叠加北东向走滑构造为主要特征。

阿拉善地块北缘中北部地区作为现今油气勘探的主要区域，从构造过程对该区石炭系-二叠系产生的改造效应来看，该区可分为 4 个特征各异的构造叠加改造区：①宗乃山-沙拉扎山挤压-走滑型叠加改造区，该区发育无根褶皱、紧闭褶皱以及与走滑作用有关的倾竖褶皱，且发育不同尺度的脆韧性剪切带，导致该区的石炭系-二叠系具有强变形弱变质的特征；②好比如-杭乌拉-蒙根乌拉挤压-推覆-伸展型叠加改造区，该区石炭系-二叠系发育紧闭褶皱，且元古界飞来峰覆于其上，白垩系的伸展构造形成盆岭构造，白垩纪沉降区的石炭系-二叠系保存较好，隆起区的石炭系-二叠系持续遭受剥蚀；③霍东哈尔-珠斯楞挤压-走滑型叠加改造区，该区上古生界普遍发育紧闭褶皱，且发育多条印支期左行走滑断裂带，沿断裂带局部发生动力变质；④拐子湖南挤压-走滑-伸展型叠加改造区，该区现今主要被沙漠覆盖，根据地球物理资料及区域构造分析认为其石炭系-二叠系主要经历了二叠纪末-三叠纪的构造挤压与走滑变形，随后被白垩纪的伸展裂陷作用叠合深埋。

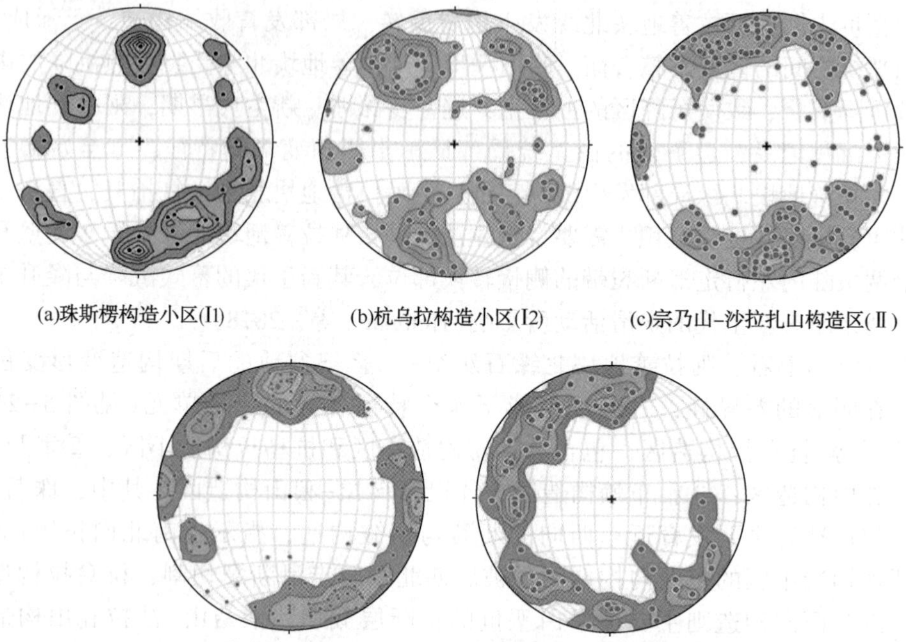

(a)珠斯楞构造小区(Ⅰ1)　(b)杭乌拉构造小区(Ⅰ2)　(c)宗乃山-沙拉扎山构造区(Ⅱ)

(d)雅布赖构造区(Ⅲ)　(e)巴彦乌拉-狼山构造区(Ⅳ)

图 5-21　阿拉善地块北缘不同构造分区断裂产状等面积网极点密度图

第 2 节　显生宙岩浆活动特征与岩浆热力改造

从某种角度来看，沉积盆地乃一大型开放型低温反应容器，其对热力作用极为敏感。一般而言，沉积盆地发育后期或期后，区域构造较为动荡，深部作用较为活跃，热力作用常与岩浆活动相伴而生，并对早期沉积地层产生改造作用。本节对阿拉善地块北缘的显生宙侵入岩同位素年龄进行归纳总结，进而分析岩浆活动时空分布特征，并评价盆地发育期及其后的岩浆热力活动对石炭系-二叠系的改造作用。

阿拉善地块北缘岩浆岩出露广泛，且表现出带状分布的特征，其自北向南可分为 3 个带：珠斯楞-杭乌拉带、宗乃山-沙拉扎山带和雅布赖-巴音诺尔公带。近年来，大量的岩石学、地球化学及同位素年代学研究揭示，阿拉善地块北缘各岩浆岩带岩石种类多样，形成背景复杂，岩浆活动期次较多。

一、珠斯楞-杭乌拉带

珠斯楞-杭乌拉带位于阿拉善地块北缘北端，该带古生代沉积地层较为发育，同时出露较多的侵入岩体，但目前该带侵入岩的研究相对较弱。从统计数据(见图5-22)来看，该带显生宙的岩浆活动延伸时限较长，锆石U-Pb年龄值位于129.8~417.2Ma，且可大致分为4个岩浆阶段：①距今417~342Ma；②距今325~277.1Ma；③距今235~228Ma；④距今135~129.8Ma。

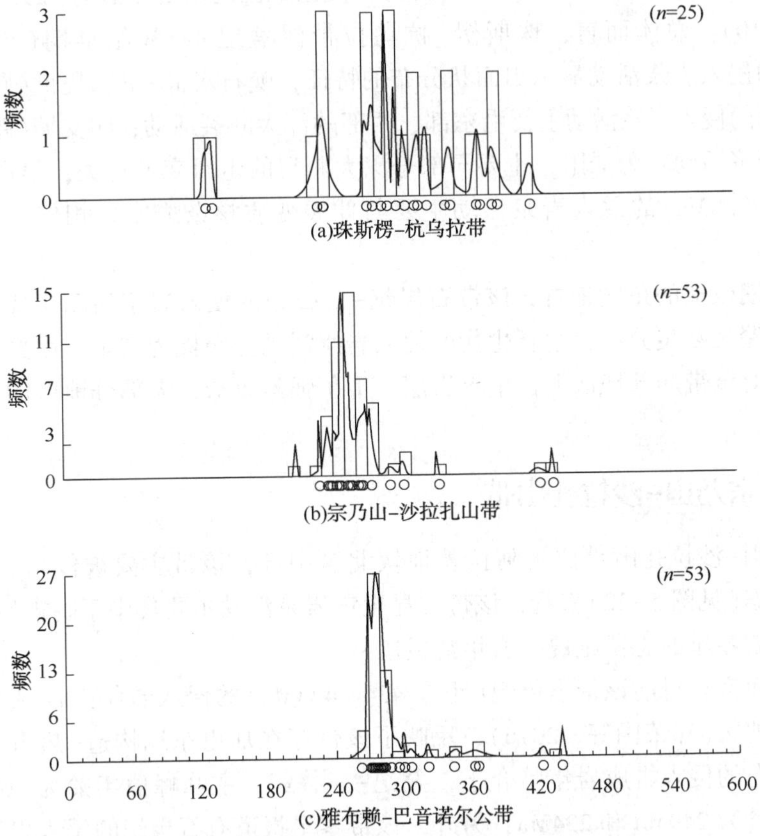

图5-22 阿拉善地块北缘各构造带显生宙侵入岩同位素年龄柱状图与概率密度分布图

就空间分布而言，Zhang等(2017)在珠斯楞-杭乌拉带西部乌登汉地区花岗岩侵入体中获得了383Ma的锆石U-Pb年龄，周印章等(2013)在东部英巴地区获得了417Ma的黑云母花岗岩侵位年龄。我们在珠斯楞地区获得了372.8Ma和369.4Ma的花岗岩锆石年龄，在中部的切刀地区获得了345.9Ma的花岗岩侵位年龄。这些数据指示泥盆纪-石炭纪早期(距今 417~342Ma)珠斯楞-杭乌拉带发生了区域性的构造-热事件。晚石炭世-早二叠世(距今 325~277.1Ma)的锆石年龄主要报道于东部的英巴地区和西部的珠斯楞地区，这两个地区皆与区域深大断裂带紧密相邻。印支期(距今 235~228Ma)的岩浆作用分布较为局限，其主要与鼎新-霍东哈尔断裂的活动有关。另外，Wang 等(2004)在亚干地区获得了 228Ma 的糜棱岩化花岗岩年龄，且认为其与区域伸展作用密切相关。早白垩世(距今 135~129.8Ma)的侵入岩浆活动主要分布于亚干和英巴变质核杂岩，亚干地区获得的锆石年龄为 135Ma(Wang 等，2004)，英巴地区的锆石年龄为 129.8Ma(韩宝福等，2010)。总体而言，珠斯楞-杭乌拉带泥盆纪-石炭纪早期(距今 417~342Ma)的侵入岩浆活动显示出面状分布的特征；晚石炭世-早二叠世(距今 325~277.1Ma)的侵入岩浆活动主要沿东部、西部的深大断裂活动；印支期(距今 235~228Ma)岩浆活动较为局限，主要与部分深大断裂的走滑变形有关；早白垩世(距今 135~129.8Ma)的侵入岩浆活动主要与伸展变质核杂岩密切相伴，分布极为有限。

从后期改造的角度来看，该带石炭纪-二叠纪的侵入岩浆活动主要沿东、西部的两条深大断裂分布，中新生代的侵入岩浆活动分布极为有限。因此，岩浆热力作用仅对该带局部地区上古生界岩层产生了强烈改造，大部分地区的上古生界未受影响。

二、宗乃山-沙拉扎山带

宗乃山-沙拉扎山带位于阿拉善地块北缘中部，该带主要被侵入岩体占据。从统计数据(见图 5-22)来看，该带的显生宙岩浆活动主要集中于晚古生代-早中生代，另有零星的志留纪侵入岩年龄报道。

具体而言，目前该带志留纪(距今 434~423Ma)的侵入岩年龄仅见报道于恩格尔乌苏地区(郑荣国等，2016)，反映了该带存在加里东期构造-热事件。该带大面积分布的侵入岩成岩年龄介于二叠纪-三叠纪，主峰峰值年龄为 267Ma，次峰峰值年龄为 249Ma 和 234Ma；另外，该带零星报道有石炭纪的侵入岩年龄，年龄值分别为 331.7Ma(甘立胜等，2018)、302Ma(Zheng 等，2014)和 301Ma(杨奇荻等，2014)。

从后期改造的角度来看，该带二叠纪-三叠纪强烈的岩浆活动对上古生界岩层产生了较强的岩浆热力改造作用，如东德乌苏的阿木山组岩层受其影响形成多种类型的角岩。此外，该带的侵入岩体现已大都出露地表，指示岩体侵位之后的隆升作用使得上覆的上古生界岩层大都已剥蚀殆尽。

三、雅布赖-巴音诺尔公带

雅布赖-巴音诺尔公带位于阿拉善地块北缘南端，该带岩体出露较多，岩石类型多样。从统计结果(见图 5-22)来看，该带显生宙侵入岩的年龄位于 262~440Ma，大致可分为 3 个岩浆活动阶段，分别为志留纪-泥盆纪、石炭纪和二叠纪，其中二叠纪侵入岩分布最广。

具体而言，雅布赖-巴音诺尔公带的志留纪-泥盆纪侵入岩出露较为局限，主要出露于雅布赖-巴音诺尔公一线以南，并具有带状分布的特征；石炭纪侵入岩出露同样较为有限，也呈带状出露于雅布赖-巴音诺尔公一线以南，其位置较志留纪-泥盆纪侵入岩靠北；二叠纪侵入岩在该带呈面状分布，且岩石种类较全，基性、中性、酸性皆有分布，峰值年龄约为 280Ma(Dan 等，2014)。

从后期改造的角度来看，该带早二叠世强烈的岩浆作用理应对上古生界岩层产生较强的岩浆热力改造作用，但目前该带主要为侵入岩所占据，表明岩浆侵位之后的构造隆升已使上古生界岩层大都遭受剥蚀，现已难以评估岩浆热力作用对其的改造作用。

第 3 节　构造变动的低温热年代学记录

热事件是重大构造变革事件的直接体现者，低温热年代学分析可定量约束地壳浅层所经历构造-热事件的时间、强度、速率以及空间分布，现今已成为定量研究区域构造与热演化的重要手段(Reiners and Brandon，2006)。我们主要使用磷灰石裂变径迹(AFT)和锆石 U-Th/He(ZHe)热年代学测试，并结合热史模拟反演综合约束阿拉善地块北缘改造期的构造变动时限、强度以及空间差异性。

一、样品与实验结果

阿拉善地块北缘由于恶劣的自然地理环境，低温热年代学研究一直较为薄弱。近年来，仅在局部地区零星报道了少量磷灰石裂变径迹数据(韩伟等，2014、2015；刘溪等，2017)，但缺乏系统全面的研究。基于此，我们在宗乃山-沙拉扎山构造带、珠斯楞-杭乌拉构造带、阿尔金断裂向东北延伸的鼎新-霍东哈尔断裂北段共采集了 4 条磷灰石裂变径迹剖面，共计 22 个样品；并对沙拉扎山(乌力吉-苏宏图)剖面的 5 个样品进行锆石 U-Th/He 定年。这些样品的岩性主要为火成岩和砂岩，成岩年龄大都介于晚古生代-中生代。具体的样品信息见表 5-1。磷灰石裂变径迹在西北大学大陆动力学重点实验室完成，锆石 U-Th/He 在美国亚利桑那大学地质年代学实验室完成。所有样品的单颗粒年龄皆使用 IsoplotR 程序(Vermeesch，2018)编绘雷达图，并评估单颗粒年龄的离散程度与年龄组分。下文对各剖面低温热年代学测试结果进行介绍。

表 5-1　阿拉善地块北缘低温热年代学研究样品信息

剖面名称	样品编号	海拔/m	岩性	时代
宗乃山(塔木素)剖面	YE17-67	1360	石英闪长岩	海西期
	YE17-68	1370	黑云母钾长花岗岩	海西期
	YE17-69	1410	黑云母斜长花岗岩	海西期
	YE17-70	1450	钾长花岗岩(脉体)	海西期
	YE17-71	1480	钾长花岗岩	海西期
	YE17-72	1510	钾长花岗岩	海西期
	YE17-73	1360	灰白色粗粒砂岩	J
沙拉扎山(乌力吉-苏宏图)剖面	YE17-75	1360	钾长花岗岩	海西期
	YE17-76	1450	斜长花岗岩	海西期
	YE17-77	1500	二长花岗岩	海西期
	YE17-79	1500	斜长角闪岩	海西期
	YE17-80	1430	砖红色石英斑岩	海西期
杭乌拉隆起带剖面	YE17-03	1010	灰绿色长石砂岩	P
	YE17-14	870	灰绿色细砂岩	P
	YE17-16	890	灰黑色长石砂岩	P
	YE17-17	830	灰白色含砾粗砂岩	T
	YE17-56	830	紫红色长石砂岩	T
	YE17-62	950	深灰色长石砂岩	P
霍东哈尔断裂带剖面	YE17-33	1130	灰白色钾长花岗岩	印支期
	YE17-35	1160	闪长岩	海西期
	YE17-42	1170	钾长花岗岩	海西期
	YE17-48	1050	灰黑色长石砂岩	P

1. 宗乃山(塔木素)剖面

宗乃山剖面位于宗乃山-沙拉扎山构造带西段的塔木素以北地区，该剖面除样品 YE17-73 为侏罗纪砂岩外，其余样品均为火成岩(见图 5-23)。

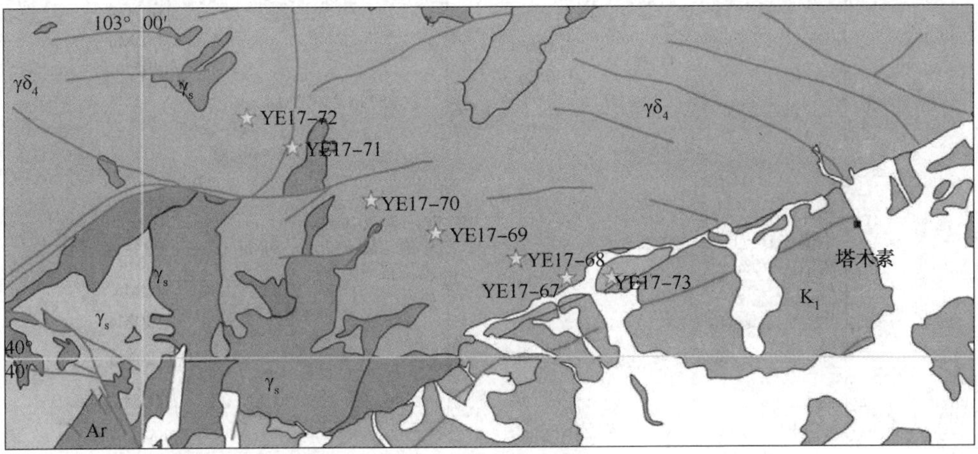

图 5-23　宗乃山塔木素地区地质图与裂变径迹样品分布
(岩石地层图例同图 2-6)

宗乃山剖面磷灰石裂变径迹各样品的 $P(\chi^2)$ 检验值均大于 80%，均较好地通过 $P(\chi^2)$ 检验，每个样品的池年龄、平均年龄和中值年龄在单倍标准误差范围内一致；各样品的单颗粒年龄分布显示出较低的离散度(Dispersion)，指示每个样品的单颗粒年龄分布具有较高的均一性(见图 5-24)。各样品的表观年龄跨度较大，位于 101.1~242.8Ma，且火成岩样品的表观年龄明显较其成岩年龄年轻，代表岩体侵位之后构造隆升的时限。需要注意的是，早中侏罗世砂岩样品 YE17-73 的表观年龄为(182±9.4)Ma，其与地层沉积时代相当或稍老于地层时代，指示该样品沉积后未发生热重置，其表观年龄为物源区的隆升时限；该样品位于宗乃山岩体前，且沉积学研究认为其属于近源冲积扇相的粗碎屑岩，物源来自宗乃山。因此，样品 YE17-73 的裂变径迹数据主要反映了蚀源区(宗乃山)抬升剥露相关的信息。该剖面各样品的实测围限径迹均较短，位于 11.5~13.1μm，指示样品在通过部分退火带时发生了较为明显的退火；径迹长度的标准误差为 0.1~0.3，表明径迹长度分布较为集中。综上所述，塔木素剖面各样品的径迹长度均呈单峰式分布，各样品的单颗粒年龄具有较高的均一性，但各样品的表观年龄跨度大，指示宗乃山在中生代经历了多期构造隆升。

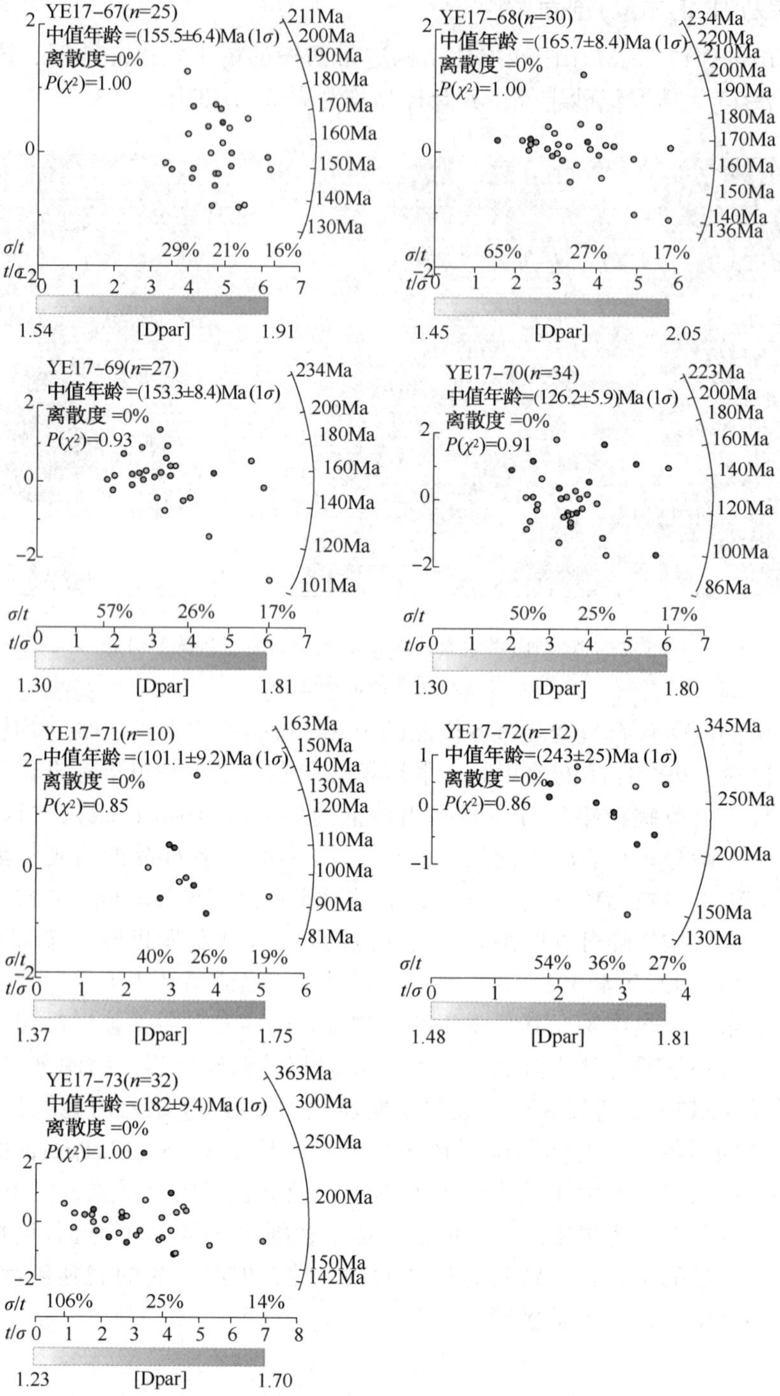

图 5-24 宗乃山塔木素地区磷灰石裂变径迹年龄雷达图

2. 沙拉扎山(乌力吉-苏宏图)剖面

沙拉扎山剖面位于宗乃山-沙拉扎山构造带东段的乌力吉-苏宏图一带，该剖面的 5 个样品均为火成岩(见图 5-25)。

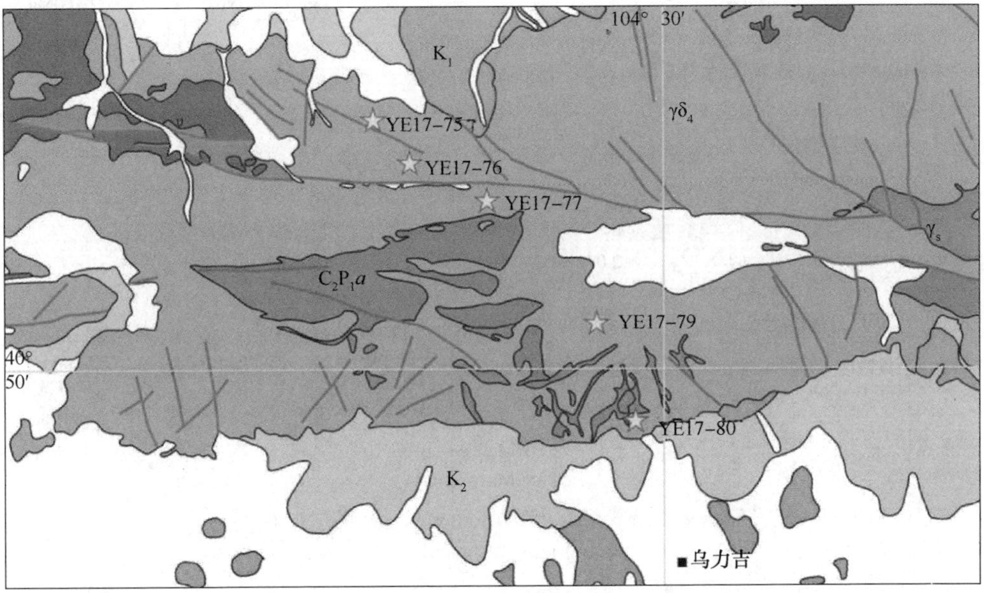

图 5-25　沙拉扎山乌力吉-苏宏图一带地质图与裂变径迹样品分布
(岩石地层图例同图 2-6)

沙拉扎山剖面各样品的 $P(\chi^2)$ 检验值均大于 85%，较好地通过 $P(\chi^2)$ 检验，每个样品的池年龄、平均年龄和中值年龄在单倍标准误差范围内一致；各样品的单颗粒年龄分布显示出较低的离散度，指示每个样品的单颗粒年龄分布较为集中(见图 5-26)。该剖面样品磷灰石裂变径迹的表观年龄值变化较大，位于 109.1~195.4Ma，且各样品的表观年龄明显小于成岩年龄，可约束岩体侵位之后构造隆升的时限。该剖面各样品的实测围限径迹均较短，位于 12.2~12.8μm，表明样品在通过部分退火带时发生了较为明显的退火；样品 YE17-75、YE17-76 和 YE17-77 径迹长度的标准误差为 0.1~0.3，表明获得的裂变径迹平均值可信度较高，其径迹长度分布较为集中；样品 YE17-79 和 YE17-80 能测的颗粒及围限径迹有限，表观年龄的标准差和径迹长度的标准误差相对其他的 3 个样品均略偏大。综上所述，沙拉扎山剖面各样品的径迹长度呈单峰式分布，各样品的单颗粒年龄显示出较高的均一性，但各样品的表观年龄跨度大，指示该区经历了多期构造隆升。

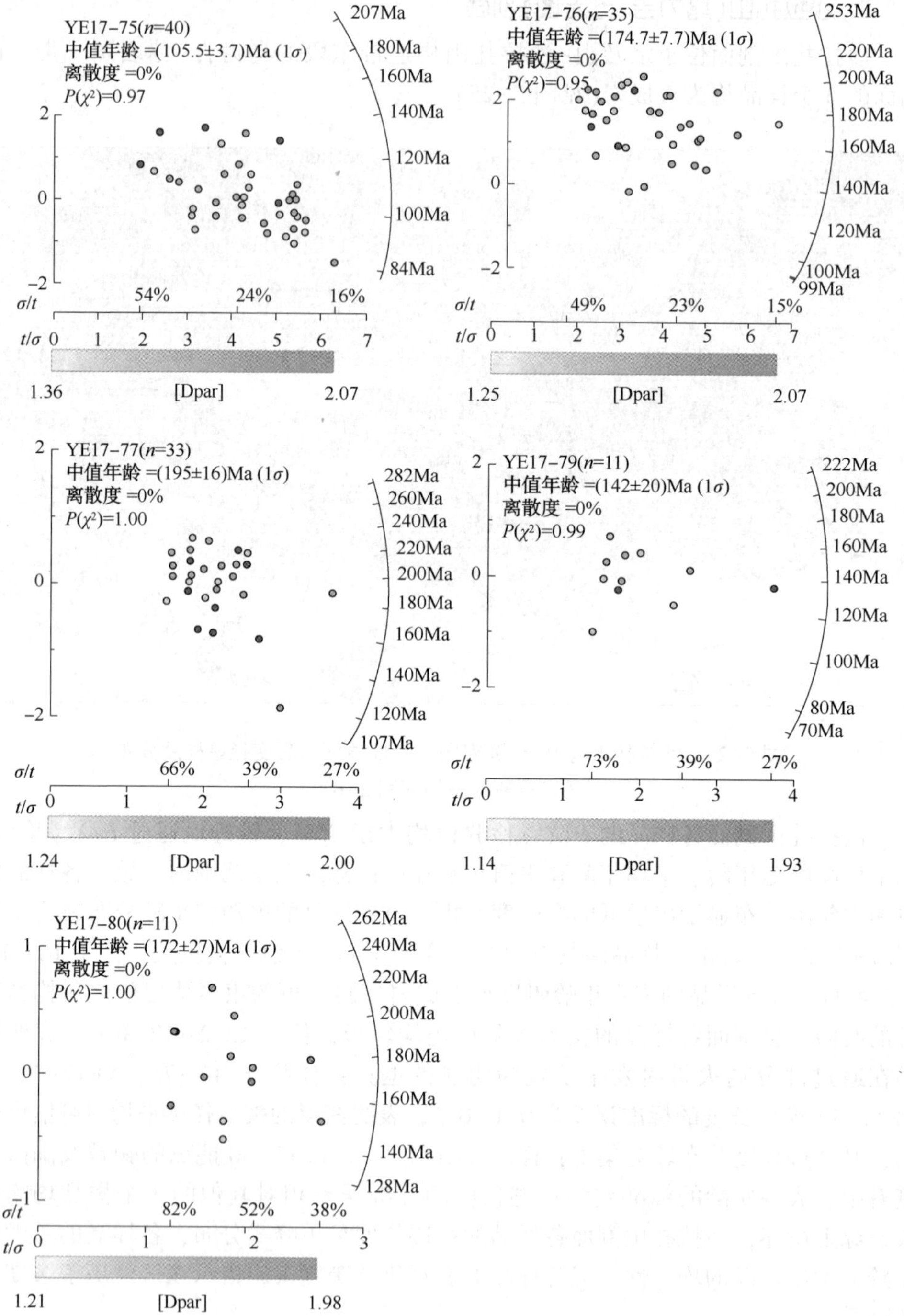

图 5-26　沙拉扎山剖面磷灰石裂变径迹年龄雷达图

此外，该剖面的5个样品还进行了锆石U-Th/He(ZHe)定年分析，其单颗粒表观年龄位于162.66~253.77Ma(见图5-27)，且表观年龄均小于成岩年龄。具体而言，样品YE17-75的加权平均年龄为(179.6±1.38)Ma，YE17-76的加权平均年龄为(175.4±1.27)Ma，YE17-77的加权平均年龄为(231.49±1.77)Ma，YE17-79的加权平均年龄为(242.22±1.95)Ma，YE17-80的加权平均年龄为(231.1±1.88)Ma。研究显示ZHe年龄易受包裹体、外源He的植入、U与Pb的分带、颗粒几何形状、放射性损伤、晶体破裂、化学组分等因素的影响(Jiao等，2014)。通过拟合所测试样品单颗粒ZHe年龄和eU、矿物半径的关系，发现ZHe年龄和eU、矿物半径没有较为明显的相关关系(见图5-27)，表明放射性损伤和颗粒几何形状并非影响ZHe年龄的主要因素。加之，我们所测的样品ZHe年龄均具有较小的离散度，指示所测得的表观年龄是对区域构造-热事件的记录。在空间上，该剖面的ZHe年龄显示出受断裂影响的特征，表现为沙拉扎山中部断裂以北YE17-75和YE17-76的ZHe年龄相对年轻，位于175~179Ma；沙拉扎山中部断裂以南3个样品的ZHe年龄相对较老，位于231~242Ma。

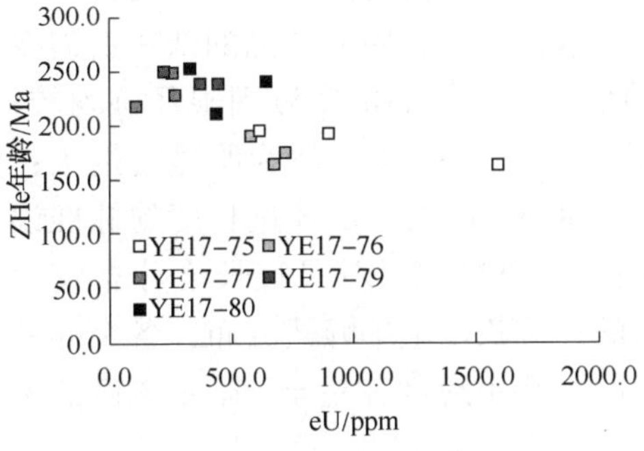

(a)ZHe年龄与eU的关系

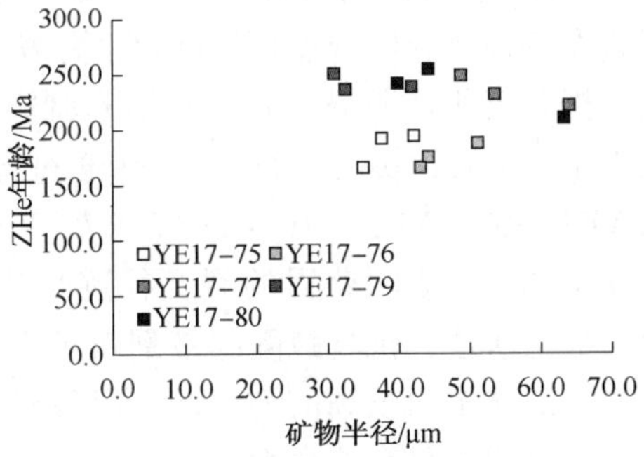

(b)ZHe年龄与矿物半径的关系

图5-27　沙拉扎山剖面ZHe年龄与eU、矿物半径的相关关系图

3. 杭乌拉隆起带剖面

杭乌拉隆起带剖面位于珠斯楞-杭乌拉构造带东部，样品主体位于白垩纪北东向断陷所夹持的北东向隆起带(见图5-28)。该剖面样品均为沉积岩，其中YE17-17和YE17-56的沉积时代为晚三叠世，其余样品皆沉积于二叠纪。

杭乌拉隆起带剖面6个磷灰石裂变径迹样品的$P(\chi^2)$检验值均大于55%，且每个样品的池年龄、平均年龄和中值年龄在单倍标准误差范围内一致；各样品的单颗粒年龄分布显示出较低的离散度，指示每个样品的单颗粒年龄分布较为集中(见图5-29)。该剖面所有样品的表观年龄值相对较为集中，位于124.9~

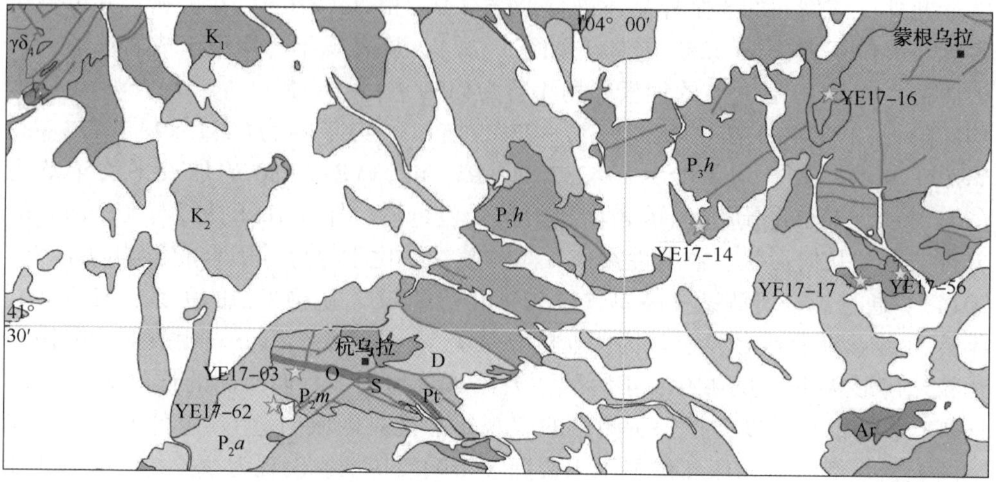

图 5-28 杭乌拉隆起带及邻区地质图与磷灰石裂变径迹样品分布
（岩石地层图例同图 2-6）

164.0Ma；各样品的表观年龄均明显小于地层年龄，表明样品沉积后均曾达到磷灰石裂变径迹封闭温度（约 110℃）并发生了退火重置，因而所测的磷灰石裂变径迹数据是沉积埋藏退火后岩石抬升剥露的信息。各样品的实测围限径迹均较短，位于 11.2~13.4μm，指示样品在通过部分退火带时发生了较为明显的退火；样品 YE17-03、YE17-16、YE17-17、YE17-56 和 YE17-62 径迹长度的标准误差为 0.1~0.3，表明获得的裂变径迹平均值可信度较高，其径迹长度分布较为集中。综上所述，杭乌拉隆起带剖面各样品的径迹长度呈单峰式分布，各个样品单颗粒年龄显示出较高的均一性，但各样品的表观年龄略有差异，暗示该区的构造抬升在空间上具有差异性。

4. 霍东哈尔断裂带剖面

霍东哈尔断裂带剖面位于阿尔金断裂向东北延伸的鼎新-霍东哈尔断裂北段，该剖面的样品 YE17-33、YE17-35 和 YE17-42 为花岗岩，样品 YE17-48 为二叠纪砂岩（见图 5-30）。

霍东哈尔断裂带剖面 4 个样品的磷灰石裂变径迹表观年龄跨度较大，位于 47.5~147.2Ma。各样品的 $P(\chi^2)$ 检验值均大于 5%，每个样品的池年龄、平均年龄和中值年龄在单倍标准差范围内一致。该剖面样品 YE17-35、YE17-42 和 YE17-48 的单颗粒分布显示出较小的离散度，指示其年龄组分为同期构造-热事件的记录；YE17-33 的离散度较大（离散度 = 30%），指示其年龄为多个年龄组分混合的产物，对其进行分解得到 2 个年龄组分，主要的年龄组分为（86±7.7）Ma（96.6%±3.3%），次要年龄组分为（17.8±5.3）Ma（3.4%±3.3%）（见图 5-31）。

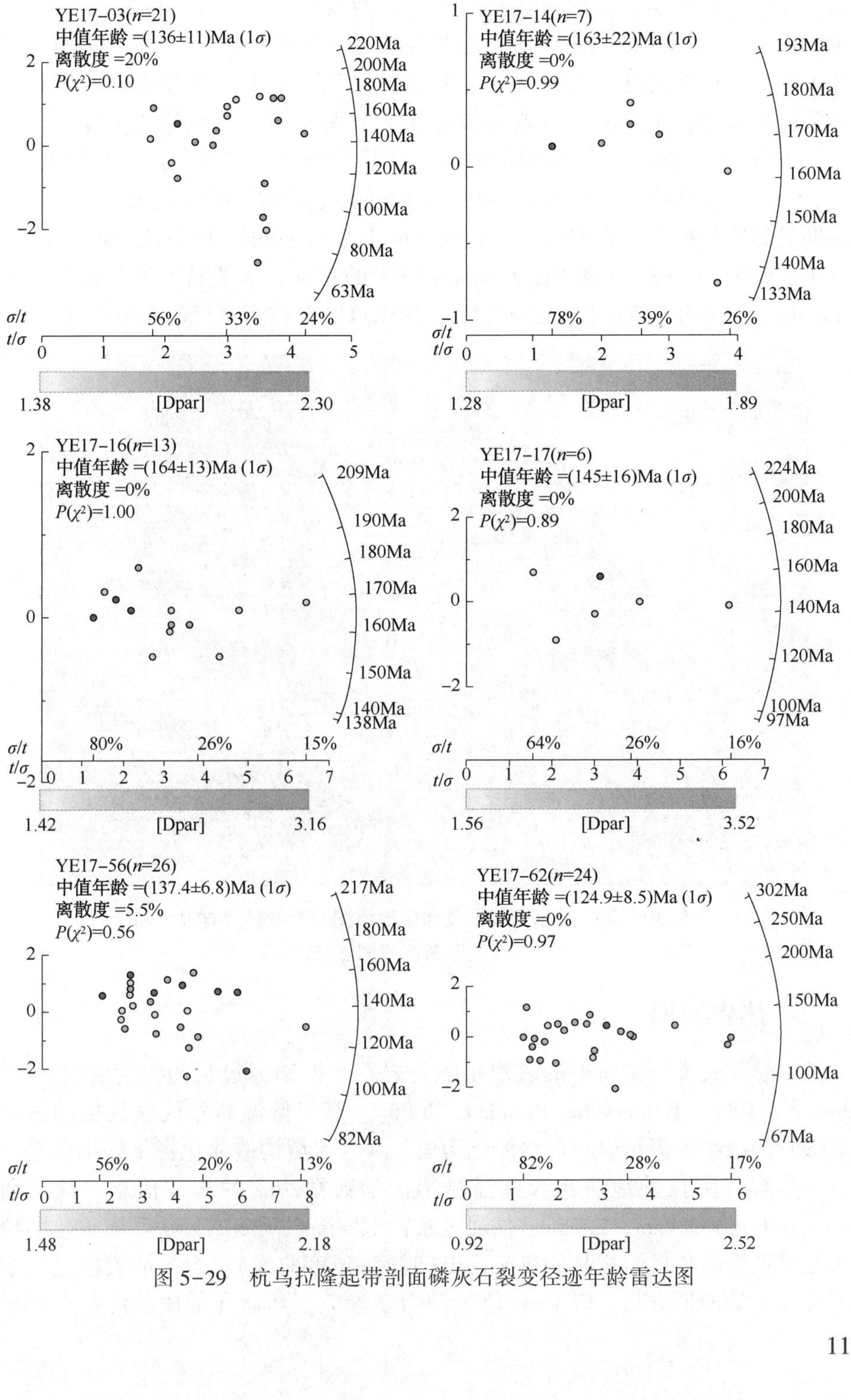

图 5-29　杭乌拉隆起带剖面磷灰石裂变径迹年龄雷达图

该剖面 4 个样品的实测围限径迹相对其他剖面较长，位于 13.0～13.5μm；样品 YE17-33、YE17-42 和 YE17-48 径迹长度的标准误差均为 0.2，表明获得的裂变径迹平均值可信度较高，长度分布较为集中；样品 YE17-35 所能测的颗粒年龄及围限径迹有限，年龄的标准差和长度的标准误差相对其他的 3 个样品偏大很多。综上所述，霍东哈尔断裂带剖面 4 个样品的磷灰石裂变径迹平均长度接近，径迹长度分布呈单峰状；各样品的表观年龄及其年龄组分跨度较大，指示该区具有多期差异冷却抬升的剥露历史，且在空间上具有中间（YE17-33 和 YE17-42）年龄小、两边（YE17-35 和 YE17-48）年龄大的特征。需要特别注意的是，样品 YE17-42 的表观年龄为（47.5±5.3）Ma，指示该区存在新生代的构造隆升。

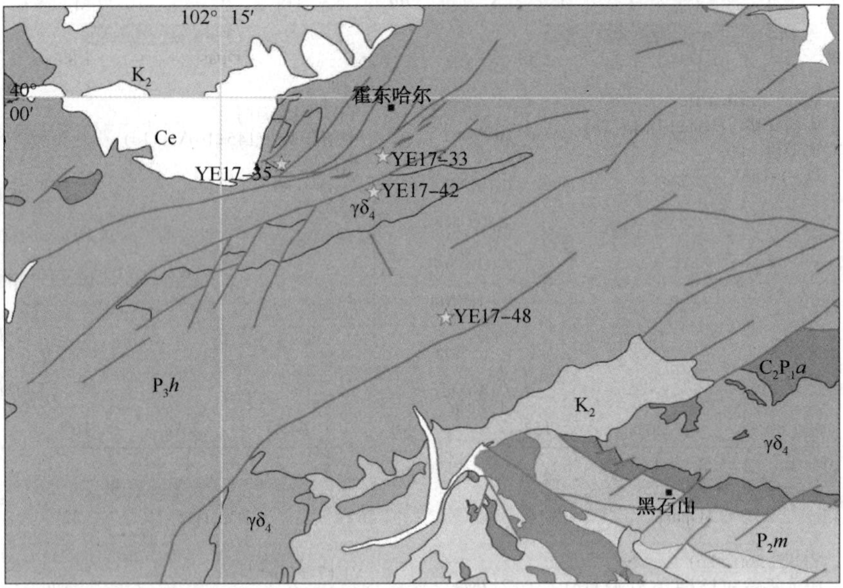

图 5-30　霍东哈尔断裂带及邻区地质图与裂变径迹样品分布
（岩石地层图例同图 2-6）

二、热史模拟

低温热年代学测试所得的表观年龄是岩石或矿物通过封闭温度的时间（Gallagher 等，1998；Reiners and Brandon，2006）。基于低温热年代学数据的热史模拟能够较为精细地揭示岩石的热演化历史，并为区域构造演化提供约束信息。为了进一步解释阿拉善地块北缘低温热年代学数据所含的构造信息，我们利用 HeFTy 1.9.1（Ketcham，2005）软件通过蒙特卡罗随机反演的方法反演重建阿拉善地块北缘低温热年代学样品的热演化史（时间-温度曲线）。在反演模拟过程中采用多元动力学模拟方法，以 Dpar 值为动力学参数，然后在地质条件约束下通过

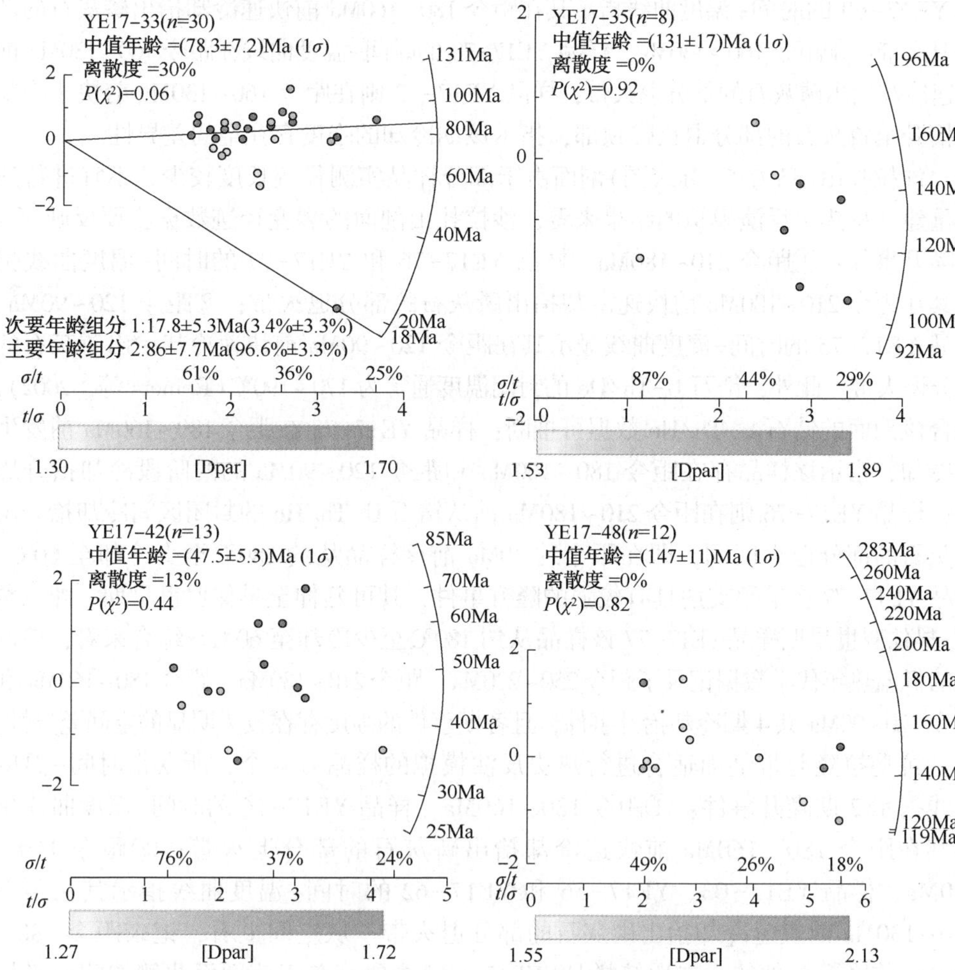

图 5-31　霍东哈尔走滑断裂带剖面磷灰石裂变径迹年龄雷达图

HeFTy 软件模拟样品的时间-温度演化曲线。模拟过程中的约束如下：①现今地表温度设置为(20±10)℃；②沉积岩样品的起始约束条件与现今地表一致，岩浆岩依据其侵位年龄设置起始约束条件；③在样品的表观年龄附近设置一个范围较宽的约束框；④对于具有锆石 U-Th/He(ZHe)年龄的样品，依据锆石U-Th/He 的年龄与封闭温度设置相应的约束框。

从热史反演模拟获得的时间-温度曲线(见图 5-32)来看，宗乃山(塔木素)剖面的样品揭示了 4 期隆升事件：①距今 300~270Ma，该剖面最北部的 YE17-72 的时间-温度曲线指示其在距今 300~270Ma 前快速冷却抬出磷灰石的部分退火带；②距今 210~180Ma，样品 YE17-68 和 YE17-73 的时间-温度曲线指示其在距今 210~180Ma 前快速冷却抬出磷灰石的部分退火带；③距今 180~160Ma，样品 YE17-67

和 YE17-69 的时间-温度曲线指示其在距今 180~160Ma 前快速冷却抬出磷灰石的部分退火带；④距今 160~130Ma，样品 YE17-70 的时间-温度曲线在距今 160~130Ma 前快速冷却抬出磷灰石的部分退火带，样品 YE17-72 则在距今 160~130Ma 前快速冷却并抬升至磷灰石的部分退火带顶部，指示该期冷却的强度存在空间差异性。

沙拉扎山(乌力吉-苏宏图)剖面由于部分样品实测径迹长度较少，不宜进行热史重建。从热史反演模拟的结果来看，沙拉扎山剖面的裂变径迹数据主要反映了 2 期隆升事件：①距今 210~180Ma，样品 YE17-76 和 YE17-77 的时间-温度曲线指示其在距今 210~180Ma 前快速冷却抬出磷灰石的部分退火带；②距今 120~90Ma，样品 YE17-75 的时间-温度曲线显示其在距今 120~90Ma 前快速冷却抬出磷灰石的部分退火带。此外，锆石 U-Th/He 的封闭温度通常为 170~190℃(Reiners 等，2002)，结合该剖面的锆石 U-Th/He 数据可推断：样品 YE17-75 在距今 180~160Ma 前发生了冷却，指示该样品存在距今 180~160Ma 和距今 120~90Ma 的两阶段冷却抬升历史；样品 YE17-76 则在距今 210~180Ma 前从锆石 U-Th/He 的封闭区间冷却抬升出磷灰石的部分退火区间，即在距今约 30Ma 前该样品从约 180℃至少冷却至 60℃；样品 YE17-77 在早印支期具有较强的隆升事件，其可延伸至早侏罗世早期，即三叠纪-早侏罗世早期样品YE17-77 该样品从约 180℃至少冷却至 60℃。综合来看，该剖面的低温热年代学数据记录了距今 250~220Ma、距今 210~180Ma、距今 180~160Ma 和距今 120~90Ma 共 4 期冷却抬升事件，且各期事件的强度存在较为明显的空间差异性。

杭乌拉隆起带剖面适合进行热史反演模拟的样品有 4 个，所获得时间-温度曲线揭示 2 期隆升事件：①距今 180~160Ma，样品 YE17-16 的时间-温度曲线指示其在距今 180~160Ma 前快速冷却抬出磷灰石的部分退火带；②距今 160~130Ma，样品 YE17-03、YE17-56 和 YE17-62 的时间-温度曲线指示其在距今 160~130Ma 前快速冷却抬出磷灰石的部分退火带。从空间上看，记录距今 180~160Ma 前隆升事件的上二叠统样品(YE17-16)主要分布于该剖面北侧的蒙根乌拉地区，记录距今 160~130Ma 前隆升事件的下中二叠统和上三叠统样品主要分布于蒙根乌拉以南，指示该区的构造隆升存在差异性。

霍东哈尔走滑断裂带剖面部分样品的实测径迹数量较少，我们选择径迹数量相对较多的 YE17-33 和 YE17-48 进行热史反演模拟，所获得的时间-温度曲线揭示了 2 期构造隆升事件：①距今 160~130Ma，样品 YE17-48 的时间-温度曲线指示其在距今 160~130Ma 前快速冷却抬出磷灰石的部分退火带；②距今 90~60Ma，样品 YE17-33 的时间-温度曲线指示其在距今 90~60Ma 前快速冷却抬出磷灰石的部分退火带。此外，前文已述及该剖面的磷灰石裂变径迹表观年龄在空间上具有中间小、两边大的特征，且各样品为北东向的左行走滑断裂所分隔，因此该剖面的差异隆升可能受到断裂作用的影响。

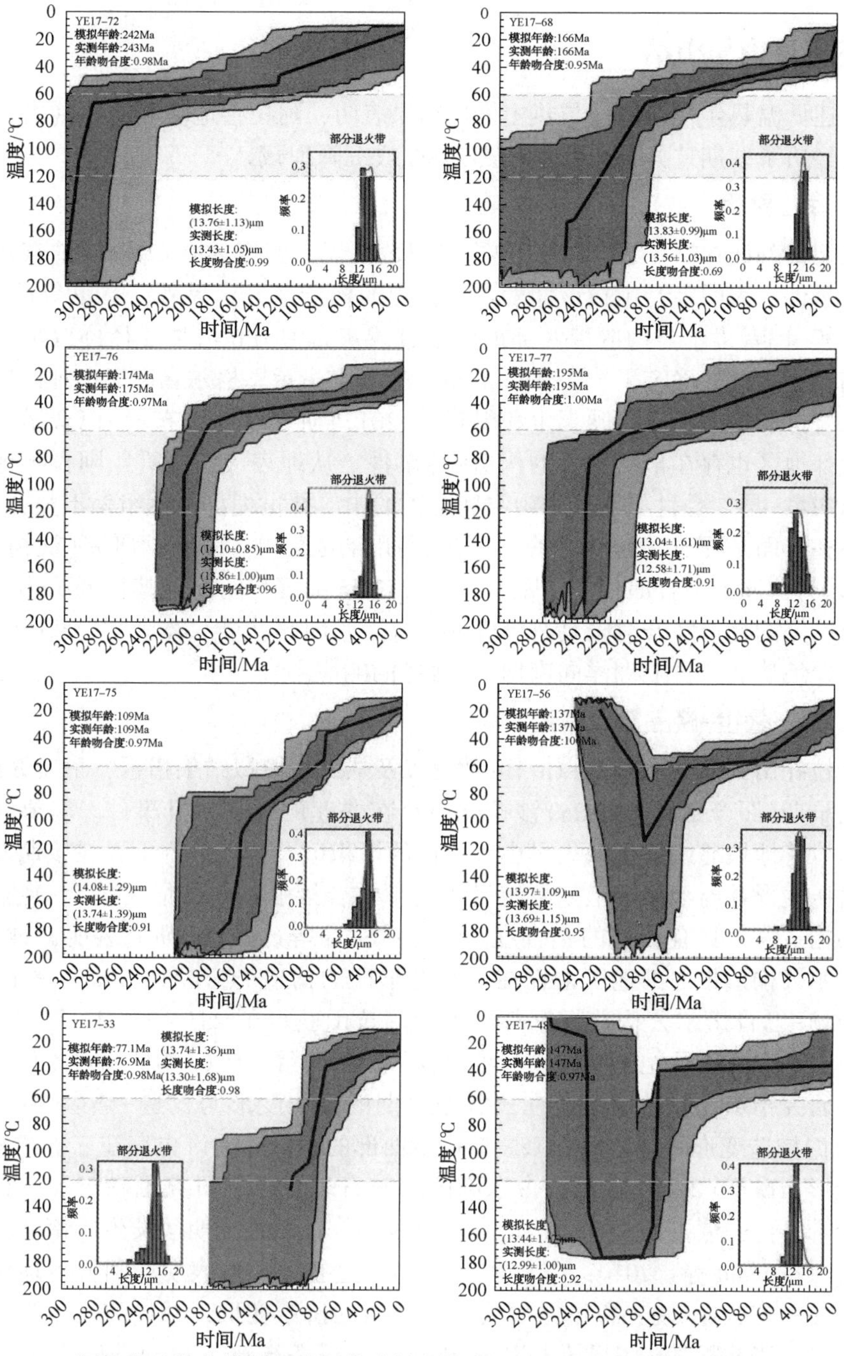

图 5-32　阿拉善地块北缘低温热年代学样品代表性的热史反演模型(时间-温度曲线)

粗实线为最佳拟合曲线；外侧包络线为可接受路径范围；内侧包络线为好的路径范围；
柱状图为实测径迹长度分布图，柱状图上的实线为模拟的径迹长度分布拟合曲线

三、讨论与小结

上述低温热年代学测试与热史模拟结果表明，阿拉善地块北缘从晚古生代至新生代经历了多期差异构造变动(隆升剥蚀或沉降埋藏)。

1. 早二叠世

宗乃山剖面 YE17-72 样品的热史模拟数据揭示距今 300~270Ma 前存在快速的冷却事件，表明宗乃山在该期发生了强烈的构造隆升。另外，Song 等(2018b)在雅布赖-巴音诺尔公构造带西部地区通过磷灰石 U-Pb 与裂变径迹双定年的方法，结合热史重建确定了约 280Ma 的构造隆升，指示恩格尔乌苏以南地区广泛存在早二叠世的构造隆升；耿元生和周新文(2012)研究认为雅布赖-巴音诺尔公构造带中部地区也存在早二叠世的构造-热事件。从地表浅层来看，阿拉善地块北缘晚石炭世-早二叠世早期阿木山组和上覆的中二叠世埋汉哈达组呈不整合接触，且该不整合面是阿拉善地块北缘古亚洲洋闭合的产物；地层学研究(沈树忠等，2019)认为，该不整合面代表了距今 285~273Ma 的沉积间断，其与低温热年代学研究所确定的构造隆升时限具有极好的契合度。因此，早二叠世的构造隆升应是对阿拉善地块北缘古亚洲洋向南俯冲-碰撞的响应。

2. 早三叠世-晚三叠世早期

沙拉扎山剖面的锆石 U-Th/He 数据以及热历史模拟结果指示，早三叠世-晚三叠世早期(距今 250~220Ma)沙拉扎山存在快速的冷却抬升事件。需要注意的是，阿拉善地块北缘普遍缺失早中三叠世的沉积记录，且上古生界在该期发生强烈的挤压变形并与上覆的上三叠统呈角度不整合接触，其与早三叠世-晚三叠世早期的构造隆升具有较好的契合度。此外，Song 等(2018b)研究表明，雅布赖-巴音诺尔公构造带西部地区也存在三叠纪早期的构造-热事件；Zhang 等(2013)在雅布赖-巴音诺尔公构造带东部的巴彦乌拉山获得了 231~253Ma 的$^{40}Ar-^{39}Ar$年龄，指示存在三叠纪早期的左行走滑变形；Tian 等(2016)的低温热年代学与构造变形研究指示，北山南部存在三叠纪早期的挤压变形与构造-热事件；Shi 等(2019)的构造变形研究表明，兴蒙造山带西部的索伦克地区也存在三叠纪早期的挤压变形；Li 等(2016)在内蒙古东部的磷灰石裂变径迹研究也确定了三叠纪的构造隆升事件；蒙古国南部的构造解析也表明，在三叠纪期间发生了南北向的挤压变形(Lehmann 等，2010；Guy 等，2014)。这些证据均表明，阿拉善地块北缘及邻区在早三叠世-晚三叠世早期发生了强烈的挤压变形，并导致构造隆升。从区域上看，华北板块-塔里木板块南部的古特提斯洋在三叠纪期间发生了闭合(Jiang 等，2013；Liu 等，2015)，古特提斯洋闭合过程中俯冲-碰撞作用产生的远程效应可能使阿拉善地块北缘的二叠纪盆地发生关闭并遭受变形与隆升。

3. 三叠纪末期-侏罗纪早期

宗乃山和沙拉扎山剖面多个样品的热史模拟结果指示在三叠纪末期-侏罗纪早期(距今 210~180Ma)存在快速冷却事件。从沉积记录来看，晚三叠世阿拉善地块北缘局部地区发育伸展背景下的粗碎屑岩沉积，且上三叠统与上覆的侏罗系呈不整合接触，其与三叠纪末期-侏罗纪早期具有较好的对应关系。另外，近年来的低温热年代学研究在鄂尔多斯西南缘(Zhang 等，2018)、鄂尔多斯北部(Zhang 等，2019)、北祁连静宁地区(彭恒等，2018)、南北构造带北段香山地区(赵晓辰等，2016)、东昆仑(Dai 等，2013)、阿尔金断裂东端(张志诚等，2008)、阿拉善地块北缘西部的北山造山带(Tian 等，2016；Gillespie 等，2017)等也确定了三叠纪末期-侏罗纪早期的构造隆升事件。这些结果表明，三叠纪末期-侏罗纪早期的构造隆升具有区域性，其可能与古特提斯洋闭合后中央造山带产生持续的挤压作用与构造逃逸密切相关。

4. 早侏罗世晚期-中侏罗世

阿拉善地块北缘宗乃山、沙拉扎山和杭乌拉剖面的部分样品揭示该区存在距今 180~160Ma 前的冷却抬升事件。阿拉善地块北缘的盆地分析(靳久强等，2000)表明，早中侏罗世期间发育伸展裂陷盆地，且宗乃山南部的塔木素地区和杭乌拉北部均存在早中侏罗世盆缘沉积的粗碎屑岩，指示这些样品主要分布于早中侏罗世裂陷盆地的物源区；Li 等(2016)在内蒙古东部低温热年代学研究的部分样品也发现了早中侏罗世的冷却抬升事件，且该区也发育同期的伸展裂陷盆地。从样品的分布来看，这些记录早中侏罗世冷却抬升的样品主要分布在裂陷盆地的隆起带，因此该期隆升事件具有明显的空间差异性，且主要反映了早中侏罗世裂陷盆地发育期差异性的隆升剥蚀/沉降埋藏过程。

5. 晚侏罗世-白垩纪早期

阿拉善地块北缘宗乃山、沙拉扎山、杭乌拉和霍东哈尔 4 个剖面的低温热年代学数据均指示该区存在距今 160~130Ma 前的冷却抬升。韩伟等(2015)在阿拉善地块北缘的沙拉扎山南部尚丹剖面的磷灰石裂变径迹研究也确定了晚侏罗世-白垩纪早期的冷却抬升；Dumitru 和 Hendrix(2001)在与阿拉善地块北缘相邻的蒙古国南部也使用磷灰石裂变径迹法获得了晚侏罗世-白垩纪早期的冷却抬升事件；张志诚等(2008)在阿尔金断裂东端也确定了晚侏罗世-白垩纪早期的冷却抬升事件；Song 等(2018b)在雅布赖-巴音诺尔公构造带西部地区也确定了晚侏罗世-白垩纪早期的冷却抬升事件；Feng 等(2017)在狼山地区通过 ^{40}Ar-^{39}Ar 和裂变径迹年代学确定了晚侏罗世-白垩纪早期的构造抬升。这些结果指示，阿拉善地块北缘及邻区普遍存在晚侏罗世-白垩纪早期的冷却抬升事件。此外，阿拉善地块北缘在中侏罗世晚期-白垩纪早期发生构造反转，形成区域性不整合面以及飞来峰构造，这与低温热年代学所确定的构造隆升时限具有较好的契合度。事实上，除了阿拉善地块北缘，整个东亚地区在晚侏罗世-白垩纪早期均发生了较强的构造变动与隆升事件，其主要与该期东亚的大陆汇聚事件密切相关(Dong 等，2015)。具体而言，晚侏罗世-白垩纪早期蒙古-鄂霍次克洋发生关闭，拉萨板块拼贴至古欧亚大陆的南缘，古太平洋板块向欧亚大陆持续俯冲，这些事件导致了东亚地区处于板块汇聚的中心(Dong 等，2015)，并产生了强烈的构造变动与隆升事件。

6. 早白垩世末-晚白垩世早期

阿拉善地块北缘沙拉扎山剖面的样品 YE17-75 揭示存在距今 120~90Ma 前的冷却抬升事件。韩伟等(2014)在阿拉善地块北缘杭乌拉和哈尔苏海剖面的裂变径迹研究也确定了早白垩世末-晚白垩世早期的构造隆升事件；Song 等(2018b)在雅布赖-巴音诺尔公构造带西部地区的低温热年代学研究也确定了早白垩世末-晚白垩世早期的冷却事件；Gillespie 等(2017)在阿拉善地块北缘西部的北山造山带通过裂变径迹与 U-Th-Sm/He 定年也确定了该期构造隆升事件；这些低温热年代学研究指示，早白垩世末-晚白垩世早期的冷却抬升事件具有区域性。另外，从地表露头和地震资料来看，阿拉善地块北缘在早白垩世末-晚白垩世早期发生了构造反转，且构造体制从裂陷转换为坳陷，并造成上、下白垩统之间的角度不整合接触，因此早白垩世末-晚白垩世早期的构造隆升应是该期事件的热年代学记录。从区域上看，早、晚白垩世之交是中国大陆东部构造体制发生变革的重要时期，古、今太平洋构造体制发生转换(刘池洋等，2006)，且中国大陆东缘与外来地块发生碰撞(Niu 等，2015；Ding 等，2018)，其可能为晚白垩世东亚地区构造变动的主要构造动力来源。

7. 晚白垩世-新生代

阿拉善地块北缘霍东哈尔走滑断裂带剖面磷灰石裂变径迹样品 YE17-33 和 YE17-42 的表观年龄分别为 78.3Ma 和 47.5Ma，指示晚白垩世-新生代冷却抬升事件的存在；样品 YE17-33 的热史模拟结果获得了距今 90~60Ma 前的冷却事件；YE17-42 所测径迹长度较少，不宜进行热史模拟，但是其平均径迹长度相对较长，表观年龄可大致限定构造隆升时间，因而暗示霍东哈尔地区存在新生代早期的构造隆升事件。这些结果表明，霍东哈尔地区早晚白垩世-新生代存在两阶段差异隆升。事实上，阿拉善地块北缘及其相邻的蒙古南部、北山、内蒙古东部的低温热年代学研究罕有晚白垩世-新生代的隆升记录。从空间上看，晚白垩世-新生代隆升的样品均位于霍东哈尔走滑断裂带，前文已叙及霍东哈尔走滑断裂带为北山造山带与阿拉善北缘的分界断裂，且地球物理资料表明其可能为阿尔金断裂向北东方向延伸的分支断裂。李海兵等(2006)通过汇编阿尔金断裂的相关数据，认为阿尔金断裂经历了8期走滑变形，具体时间包括距今245~220Ma、距今180~140Ma、距今120~100Ma、距今90~80Ma、距今60~45Ma、渐新世-中新世、上新世-更新世和全新世。霍东哈尔地区裂变径迹所确定的晚白垩世和新生代早期的隆升事件明显与阿尔金断裂距今90~80Ma前以及距今60~45Ma前的走滑活动具有较好的对应关系，因而我们认为阿尔金断裂的多阶段幕式活动是霍东哈尔地区晚白垩世-新生代发生差异构造隆升的主要原因。

第4节　后期改造特征及其区域动力学背景

后期改造强烈是中国沉积盆地的主要特点之一，前文已经通过构造变形变位和岩浆热力活动等改造形式以及后期构造变动的低温热年代学记录对阿拉善地块北缘石炭纪-二叠纪盆地的后期改造特征进行了分析。本节在前文的基础上，系统归纳总结阿拉善地块北缘石炭纪-二叠纪盆地后期改造的期次、类型、强度及其差异性并讨论后期构造改造发生的区域动力学背景。

从构造变形变位、岩浆热力活动以及低温热年代学研究结果来看，阿拉善地块北缘石炭纪-二叠纪盆地共经历了10期构造变动与改造(见图5-33)。从改造的强度来看，早二叠世晚期的构造变动对阿木山组的影响较大；二叠纪末-晚三叠世早期的构造变动对于上古生界的改造效应最强；中侏罗世晚期-早白垩世早期与早白垩世中晚期的构造变动对于上古生界也具有较强的改造效应；其余构造变动对于上古生界的改造效应相对较弱。后期改造的形式主要包括构造变形、抬升剥蚀、叠合深埋、肢解残存与热力改造等，这5种改造形式在不同地区以不同强度表现出差异叠加、复合改造的特征。从改造的效应来看，伸展环境下沉降区的叠合深埋对于上古生界的保存较为有利；伸展环境下盆缘区与隆起带的构造抬升以及挤压环境下的强烈变形与隆升对于上古生界的保存不利。

具体而言，阿拉善地块北缘石炭纪-二叠纪盆地的第1期构造变动发生在早二叠世晚期(阿木山组沉积后)，主要表现为阿木山组岩层发生构造变形、区域构造隆升、阿木山组与上覆岩层呈不整合接触、深水沉积消失。第2期构造变动发生在二叠纪末-晚三叠世早期，主要表现为上古生界在近南北向的挤压作用下发生强烈的褶皱与逆冲断裂变形，局部伴随走滑变形与岩浆活动，并造成局部地区的上古生界发生热力变质与动力变质，且发生区域构造隆升造成上古生界与中生界呈不整合接触，具有陆内造山的特征。第3期构造变动发生在晚三叠世，表现为早期挤压加厚的地壳伸展垮塌，局部地区发生构造沉降并伴随岩浆活动与走滑变形。第4期构造变动发生在三叠纪末期-侏罗纪早期，主要表现为上三叠统与侏罗系呈角度不整合接触和区域性的构造隆升。第5期构造变动发生在早中侏

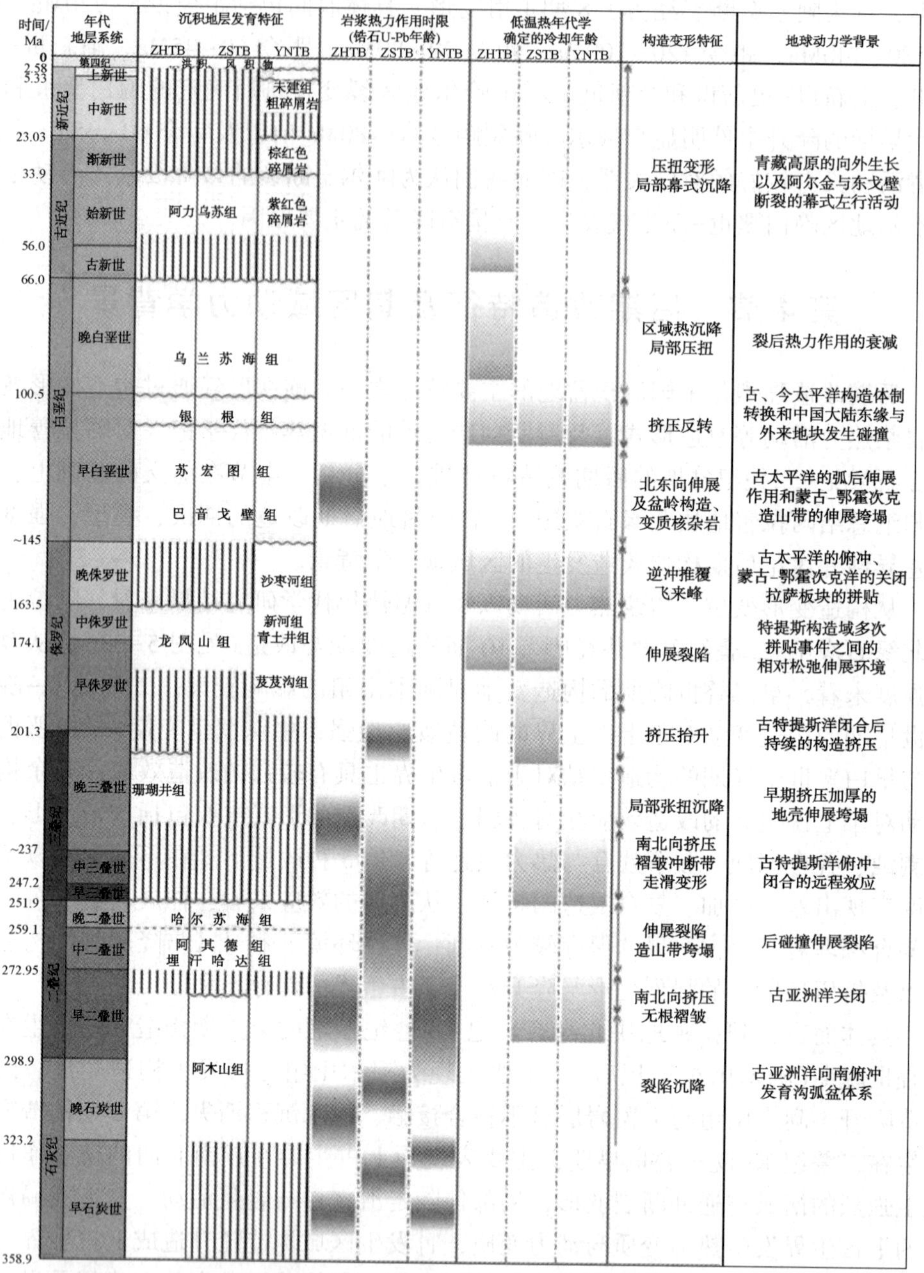

图 5-33　阿拉善地块北缘石炭纪-二叠纪盆地演化-改造特征与时序及其地球动力学背景

ZHTB—珠斯楞-杭乌拉带；ZSTB—宗乃山-沙拉扎山带；YNTB—雅布赖-巴音诺尔公带

罗世，主要表现为区域伸展裂陷盆地的发育以及盆缘区的构造隆升。第 6 期构造变动发生在中侏罗世晚期–早白垩世早期，主要表现为逆冲推覆构造的发育、侏罗系与白垩系的不整合接触以及区域性的构造隆升。第 7 期构造变动发生在早白垩世，主要表现为在北西–南东向的伸展应力场下，阿拉善地块北缘形成凹隆相间的伸展盆岭构造，且局部地区形成变质核杂岩。第 8 期构造变动发生在早、晚白垩世之交，主要表现为早白垩世的裂陷盆地发生构造反转与隆升并造成上、下白垩统之间的角度不整合，且构造体制由早白垩世的断陷转换为晚白垩世的热沉降坳陷。第 9 期构造变动发生在晚白垩世，主要表现为区域性的热沉降拗陷作用并使下伏的地层叠合深埋，而西部霍东哈尔地区受阿尔金断裂走滑活动的影响发生构造隆升。第 10 期构造变动发生在新生代，主要表现为在区域扭压作用下的差异隆升，且局部深大断裂发生活动并造成周缘的前新生界岩层发生宽缓的褶皱变形。

阿拉善地块北缘石炭纪–二叠纪盆地后期构造变动产生的构造效应在空间上具有明显的差异性。根据阿拉善地块北缘构造变形变位特征、岩浆热力活动以及低温热年代学所确定的构造隆升特征，我们将阿拉善地块北缘划分为 5 个特征各异的复合改造区：

（1）霍东哈尔–珠斯楞地区，表现为构造变形–抬升剥蚀–热力改造型复合改造区，主要经历了二叠纪末–晚三叠世早期的构造变形与岩浆热力改造，并受中侏罗世晚期–早白垩世早期以及晚白垩世–新生代早期的抬升剥蚀改造。

（2）好比如–杭乌拉地区，表现为构造变形–抬升剥蚀–叠合深埋–热力改造型复合改造区，主要经历了二叠纪末–晚三叠世早期和中侏罗世晚期–早白垩世早期的构造变形与抬升剥蚀改造，并在早白垩世发生差异性的叠合深埋与抬升剥蚀型改造，且局部地区受到晚三叠世与早白垩世岩浆热力活动的改造。

（3）拐子湖南–苏宏图地区，表现为构造变形–抬升剥蚀–叠合深埋型复合改造区，主要经历了二叠纪末–晚三叠世早期的构造变形与中侏罗世晚期–早白垩世早期的抬升剥蚀改造，并在早白垩世主体处于沉降区。

（4）宗乃山–沙拉扎山地区，表现为构造变形–肢解残存–抬升剥蚀–热力改造型复合改造区，主体经历了早二叠世晚期、二叠纪末–晚三叠世早期和中侏罗世晚期–早白垩世早期的构造变形与隆升改造，并在二叠纪晚期–三叠纪期间遭受较为强烈的热力改造，且中新生代多期次的构造变动使上古生界发生肢解，仅局部地区残存上古生界岩层。

（5）宗乃山–沙拉扎山以南，表现为构造变形–抬升剥蚀–叠合深埋型复合改造区，主体经历了早二叠世晚期、二叠纪末–晚三叠世早期和中侏罗世晚期–早白垩世早期的构造变形与隆升改造，并在早白垩世中晚期发生差异性的叠合深埋与抬升剥蚀型改造。

就阿拉善地块北缘石炭纪-二叠纪后期构造变动的区域动力学背景而言(见图 5-33)，第 1 期构造变动主要受控于早二叠世晚期(阿木山组沉积后、埋汗哈达组沉积前)阿拉善地块北缘古亚洲洋的关闭。嗣后，中晚二叠世阿拉善地块北缘进入后碰撞伸展阶段，在近海裂陷盆地中沉积了一套滨浅海相的混积建造。阿拉善地块北缘第 2 期构造变动发生在二叠纪末-晚三叠世早期，其主要受控于同期华北-阿拉善-塔里木以南的古特提斯洋俯冲与闭合所产生的远程效应。晚三叠世在持续的构造挤压作用下，早期加厚的地壳重力失稳并发生拆沉作用，导致地表的构造体制从挤压状态变为伸展状态，局部地区发育晚三叠世盆地，构成阿拉善地块北缘的第 3 期构造变动。阿拉善地块北缘第 4 期构造变动发生在三叠纪末期-侏罗纪早期，其主要与古特提斯洋闭合后中央造山带产生的持续挤压作用与构造逃逸密切相关。阿拉善地块北缘第 5 期构造变动发生在早中侏罗世，该期事件主要受控于早中侏罗世的区域弱伸展构造环境，该弱伸展环境实质上是中生代古欧亚大陆南缘两次地体拼贴碰撞事件(羌塘和拉萨地体向北拼贴)之间的相对松弛伸展环境(靳久强等，1999)。阿拉善地块北缘第 6 期构造变动发生在中侏罗世晚期-白垩纪早期，该期事件与晚中生代东亚地区由于古太平洋的俯冲、蒙古-鄂霍次克洋的关闭以及拉萨板块向古欧亚大陆南缘拼贴所产生的超级汇聚时限具有较高的契合度(Dong 等，2015)，因此该期事件当为阿拉善地块北缘对晚中生代东亚汇聚事件的响应。阿拉善地块北缘第 7 期构造变动与蒙古国东南部、中国东部的早白垩世伸展构造一起构成了东北亚面状伸展构造域，其主要受蒙古-鄂霍次克造山带的伸展垮塌与古太平洋弧后伸展作用的联合控制(Wang 等，2011)。阿拉善地块北缘第 8 期构造变动发生在早、晚白垩世之交，该时期是中国大陆东部构造体制发生变革的重要时期，古、今太平洋构造体制发生转换(刘池洋等，2006)，且中国大陆东缘与外来地块发生碰撞(Niu 等，2015；Ding 等，2018)。阿拉善地块北缘第 9 期构造变动发生在晚白垩世，该期的热沉降拗陷作用与裂后热力作用的衰减密切相关，而西部霍东哈尔地区的隆升则主要受阿尔金断裂走滑活动的影响。阿拉善地块北缘第 10 期构造变动发生在新生代，其主要受控于阿尔金断裂与东戈壁断裂两条陆内左行走滑断裂幕式活动所产生的扭压变形体制。

第6章　石炭纪-二叠纪盆地油气保存成藏单元与远景区

从宏观上看，沉积盆地的油气远景主要受控于盆地的原始发育特征与后期改造特征。其原因在于：沉积盆地的原始发育特征决定了盆地的沉降与沉积充填过程，进而控制烃源岩的发育，并从根本上决定油气资源的规模与远景；后期改造特征影响油气成藏要素的保存与组合以及聚散成藏过程，并最终决定盆地油气的贫富、赋存成藏特点与富集规律。本章综合前文内容，结合阿拉善地块北缘目前较为有限的勘探资料，从原始盆地特征的角度来分析石炭纪-二叠纪盆地的烃源条件，并从后期改造的角度来探讨石炭纪-二叠纪油气的保存成藏单元与远景区。

第1节　石炭纪-二叠纪烃源条件

大量的地球化学证据表明，石油主要来自富含有机质的沉积岩，能够排出石油的富有机质岩石被称为烃源岩(Allen and Allen，2013)。显然，烃源岩是油气成藏的物质基础，烃源岩的发育特征决定了沉积盆地的油气远景。从烃源岩形成的机制来看，控制烃源岩发育的物理化学条件较多，如水体深度、氧化还原条件、沉积速率、古生产力、水体盐度等(Allen and Allen，2013；刘池洋等，2014；Zhang等，2018)；此外，大量的油气勘探实践与理论研究(贾东等，2011；刘池洋等，2018)表明，油气的贫富或优质烃源条件的形成主要受区域大地构造-热环境和深部作用过程的控制，即受盆地原始发育特征的控制。

前文研究显示，阿拉善地块北缘石炭系-二叠系发育两个世代的沉积盆地体系，即晚石炭世-早二叠世早期(阿木山组沉积期)的沟弧盆体系与中晚二叠世(埋汗哈达组、阿其德组和哈尔苏海组沉积期)的后碰撞伸展裂谷盆地体系。具体而言，晚石炭世-早二叠世早期恩格尔乌苏一带的弧前-海沟盆地体系主要发育富含火山物质的深水火山碎屑岩系；宗乃山-沙拉扎山与雅布赖-巴音诺尔公之间发育的弧后裂陷盆地主要发育混积的碎屑岩-碳酸盐岩序列，仅局部发育火山岩；中晚二叠世阿拉善地块北缘主体发育后碰撞伸展裂谷盆地，主体沉积了一套海相碎屑岩-火山岩-碳酸盐岩建造。勘探实践与理论研究(柳广弟，2009；刘池洋等，2014）表明，长期稳定继承性沉降的大地构造环境是烃源岩发育的基础，即只有沉降速度与沉积速度相近或者前者稍大时，才能保证盆地的沉积环境有利于烃源岩的发育；若沉积速度远大于沉降速度，较快的沉积速率会稀释有机质丰度，不利于有机质富集，且会导致水体迅速变浅，盆地被充填消亡，沉积物抬升暴露地表，有机质被大气中的氧气氧化；反之，若沉降速率远大于沉积速率，则会导致盆地水体显著变深，有机质在沉降过程中易遭受巨厚水体的氧化分解。因此，晚石炭世-早二叠世早期恩格尔乌苏一带的弧前-海沟盆地体系因其沉降速率明显大于沉积速率，明显不利于烃源岩的发育；而晚石炭世-早二叠世早期宗乃山-沙拉扎山与雅布赖-巴音诺尔公之间发育的弧后裂陷盆地和中晚二叠世阿拉善地块北缘的后碰撞伸展裂谷盆地沉积速率与沉降速率大致相等，主体为浅海相沉积，对于烃源岩的发育较为有利。

从野外露头以及有机地球化学分析来看，阿拉善地块北缘的烃源岩主要为阿木山组、埋汗哈达组、阿其德组和哈尔苏海组的4套暗色泥页岩(见图6-1)，构成石炭系-二叠系潜在的烃源岩。从空间上看，阿木山组烃源岩主要分布于芒罕超克一带，厚度达180m；埋汗哈达组、阿其德组和哈尔苏海组烃源岩主要分布于霍东哈尔-埋汗哈达-杭乌拉一带，各组厚度位于50~400m(卢进才等，2014)。这些烃源岩的空间分布明显受阿拉善地块北缘晚古生代盆地发育特征的控制，即阿木山组烃源岩主要位于晚石炭世-早二叠世早期宗乃山-沙拉扎山与雅布赖-巴音诺尔公之间弧后裂陷盆地的深水区，中上二叠统烃源岩则位于阿拉善地块北缘后碰撞伸展裂谷盆地的沉积中心。

(a) (b)

图6-1　阿拉善地块北缘石炭系-二叠系典型暗色泥页岩野外露头特征

从卢进才等(2014)对阿拉善地块北缘地表露头上古生界烃源岩的有机地球化学测试结果(见表6-1)来看，阿木山组烃源岩的总有机碳含量为0.3%~2.65%，埋汗哈达组的总有机碳含量为0.3%~2.34%，阿其德组的总有机碳含量为

0.32%~1.47%，哈尔苏海组的总有机碳含量为0.32%~1.72%。需要注意的是，4套岩石热解所获得生烃潜量(S_1+S_2)均小于0.5。就有机质的演化类型而言，根据生物标志化合物测试的测试结果，阿拉善地块北缘阿木山组、埋汗哈达组和阿其德组的有机质类型主要为Ⅱ$_1$~Ⅱ$_2$型，哈尔苏海组的有机质类型主要为Ⅱ$_1$型。从有机质的热演化程度来看，阿木山组烃源岩处于高成熟-过成熟阶段，埋汗哈达组处于成熟-高成熟阶段，阿其德组处于高成熟阶段，哈尔苏海组处于高成熟-过成熟阶段。需要说明的是，哈尔苏海组样品主要取自霍东哈尔一带，该地区在三叠纪发生了局部的岩浆热力活动，造成了哈尔苏海组演化至高成熟-过成熟阶段。另外，阿拉善地块北缘地表露头烃源岩样品的个别有机地球化学指标难以达到烃源岩的指标，这可能是受地表强烈的风化作用所致(魏建设等，2012)。

表6-1　阿拉善地块北缘地表露头上古生界烃源岩有机地球化学特征

(据卢进才等，2014年修编)

地区或剖面	层位	TOC/%	S_1+S_2/(mg/g)	R_o/%	T_{max}/℃	P_r/P_h	有机质类型划分/%			
							Ⅰ	Ⅱ$_1$	Ⅱ$_2$	Ⅲ
霍东哈尔	哈尔苏海组上段	0.75(40)	0.02	3.8	441	0.68	—	100	—	—
雅干南478	哈尔苏海组下段	0.62(33)	0.02	2	503	0.7	—	100	—	—
埋汗哈达	阿其德组	0.72(24)	0.02	1.7	510	0.88	—	50	50	—
埋汗哈达	埋汗哈达组	0.59(78)	0.03	1	502	0.69	—	61.5	38.5	—
杭乌拉	埋汗哈达组	0.80(34)	0.04	0.8	498	0.54	—	66.7	33.3	—
芒罕超克	阿木山组下段	0.84(89)	0.02	3.3	468	0.5	—	14.3	85.7	—

上述分析表明，阿拉善地块北缘上古生界在盆地发育期形成了较好的烃源条件，晚石炭世-早二叠世早期弧后裂陷盆地发育的烃源岩主要分布于芒罕超克一带，中晚二叠世后碰撞伸展裂谷盆地发育的烃源岩主要分布于霍东哈尔-埋汗哈达-杭乌拉一带。有机地球化学指标显示，阿拉善地块北缘上古生界烃源岩有机质含量较高，类型以Ⅱ型为主，目前有机质已演化至成熟-过成熟阶段，表明这些烃源岩在地质历史时期已发生过生排烃作用，现今以生气为主，局部地区成熟度较低的烃源岩具有一定的生油能力。

第 2 节　保存成藏单元与油气远景

阿拉善地块北缘上古生界多套烃源岩的发育，指示该区在盆地发育期形成了较好的烃源条件，可望成为富油气区。然而，油气作为可流动的矿产，其聚散、成藏、定位与富集程度除受成盆期盆地结构与构造的影响外，还受成盆期后构造变动的改造(刘池洋，2007)。我们的研究显示，阿拉善地块北缘石炭纪-二叠纪盆地经历了 10 期后期构造变动与改造事件，沉积盆地的原始面貌已不复存在。因此，后期构造变动对石炭系-二叠系原始成藏要素的改造效应分析是进行油气远景预测的重要前提。

从阿拉善地块北缘构造变动与改造事件研究的结果来看，早二叠世晚期、二叠纪末-晚三叠世早期和中侏罗世晚期-早白垩世早期的构造变动对阿拉善地块北缘上古生界产生了破坏性的改造效应；晚三叠世、早中侏罗世和早白垩世中晚期的构造变动对上古生界产生了差异改造作用，其中沉降区的埋藏作用对于上古生界的保存较为有利，盆缘及隆起区的剥蚀作用对上古生界产生破坏性改造。

为了预测阿拉善地块北缘石炭系-二叠系保存成藏单元与油气远景区，我们将阿拉善地块北缘后期改造类型分区图与石炭系-二叠系烃源岩发育特征进行叠合，并确定了 3 个级别的保存成藏单元与油气远景区。其中，Ⅰ类保存成藏单元位于恩格尔乌苏断裂带之北的中生代拐子湖-哈日凹陷之下，该单元后期改造作用以构造变形、抬升剥蚀和叠合深埋为主，且周缘露头区出露多套中上二叠统烃源岩，暗示覆盖区烃源岩保存较好，其为阿拉善地块北缘石炭系-二叠系最有利的油气远景区；Ⅱ类保存成藏单元位于恩格尔乌苏之南的芒罕超克地区，该单元构造改造作用以叠合深埋、构造变形和抬升剥蚀为主，且芒罕超克地区发育阿木山组烃源岩，指示其可能具有一定的油气远景；Ⅲ类保存成藏单元位于杭乌拉以东的中生代盆地区之下，该单元构造改造特征虽与Ⅰ类区类似，但周缘露头和沉积相分析表明其烃源岩并不发育，故油气前景较差。

此外，阿拉善地块北缘石炭纪-二叠纪盆地上叠的白垩纪裂陷盆地发育多套优质烃源岩，且后期改造较弱，已被作为该区油气勘探开发的重要对象(卫平生和谭开俊，2005；李光云等，2007；牛子铖等，2016)。需要特别指出的是，白垩纪裂陷盆地中凸起的石炭系-二叠系岩层可能作为储集单元为白垩系油源所充注，形成新生古储的潜山型油气藏。该类油气藏常与大型断裂带和不整合面等输导体系密切相关，通常表现为凹中隆，其也是阿拉善地块北缘石炭系-二叠系油气勘探的重要目标。

参 考 文 献

[1] Allen P A, Allen J R. Basin analysis: principles and application to petroleum play assessment [M]. Third Edition. UK: John Wiley & Sons, 2013.

[2] Badarch G, Cunningham W D, Windley B F. A new terrane subdivision for Mongolia: implications for the Phanerozoic crustal growth of Central Asia[J]. Journal of Asian Earth Sciences, 2002, 21(1): 87-110.

[3] Briggs S M, Yin A, Manning C E, et al. Late Paleozoic tectonic history of the Ertix Fault in the Chinese Altai and its implications for the development of the Central Asian Orogenic System[J]. Geological Society of America Bulletin, 2007, 119(7-8): 944-960.

[4] Burchfiel B C, Quidong D, Molnar P, et al. Intracrustal detachment within zones of continental deformation[J]. Geology, 1989, 17(8): 748-752.

[5] Byerlee J. Model for episodic flow of high-pressure water in fault zones before earthquakes[J]. Geology, 1993, 21(4): 303-306.

[6] Cawood P A, Hawkesworth C J, Dhuime B. Detrital zircon record and tectonic setting[J]. Geology, 2012, 40(10): 875-878.

[7] Cox R, Lowe D R, Cullers R L. The influence of sediment recycling and basement composition on evolution of mudrock chemistry in the southwestern United States [J]. Geochimica et Cosmochimica Acta, 1995, 59(14): 2919-2940.

[8] Dai J, Wang C, Hourigan J, et al. Multi-stage tectono-magmatic events of the Eastern Kunlun Range, northern Tibet: insights from U-Pb geochronology and (U-Th)/He thermochronology [J]. Tectonophysics, 2013, 599: 97-106.

[9] Dai S, Dai W, Zhao Z, et al. Timing, Displacement and growth pattern of the Altyn Tagh Fault: A Review[J]. Acta Geologica Sinica (English Edition), 2017, 91(2): 669-687.

[10] Dan W, Li X H, Guo J, et al. Paleoproterozoic evolution of the eastern Alxa Block, westernmost North China: evidence from in situ zircon U-Pb dating and Hf-O isotopes[J]. Gondwana Research, 2012, 21(4): 838-864.

[11] Dan W, Li X H, Wang Q, et al. An Early Permian (ca. 280 Ma) silicic igneous province in the Alxa Block, NW China: a magmatic flare-up triggered by a mantle-plume? [J]. Lithos, 2014a, 204: 144-158.

[12] Dan W, Li X H, Wang Q, et al. Neoproterozoic S-type granites in the Alxa Block, westernmost North China and tectonic implications: in situ zircon U-Pb-Hf-O isotopic and geochemical constraints[J]. American Journal of Science, American Journal of Science, 2014b, 314(1): 110-153.

[13] Dan W, Li X H, Wang Q, et al. Phanerozoic amalgamation of the Alxa Block and North China

Craton: evidence from Paleozoic granitoids, U-Pb geochronology and Sr-Nd-Pb-Hf-O isotope geochemistry[J]. Gondwana Research, 2016, 32: 105-121.

[14] Dan W, Wang Q, Wang X C, et al. Overlapping Sr-Nd-Hf-O isotopic compositions in Permian mafic enclaves and host granitoids in Alxa Block, NW China: evidence for crust-mantle interaction and implications for the generation of silicic igneous provinces[J]. Lithos, 2015, 230: 133-145.

[15] Dickinson W R, Gehrels G E. Use of U-Pb ages of detrital zircons to infer maximum depositional ages of strata: a test against a Colorado Plateau Mesozoic database[J]. Earth and Planetary Science Letters, 2009, 288(1-2): 115-125.

[16] Ding W, Li J, Wu Z, et al. Late Mesozoic transition from Andean - type to Western Pacific - type of the East China continental margin—is the East China Sea basement an allochthonous terrain? [J]. Geological Journal, 2018, 53(5): 1994-2002.

[17] Dobretsov N L, Buslov M M, Vernikovsky V A. Neoproterozoic to Early Ordovician evolution of the Paleo-Asian Ocean: implications to the break-up of Rodinia[J]. Gondwana Research, 2003, 6(2): 143-159.

[18] Dong S, Zhang Y, Zhang F, et al. Late Jurassic-Early Cretaceous continental convergence and intracontinental orogenesis in East Asia: a synthesis of the Yanshan Revolution[J]. Journal of Asian Earth Sciences, 2015, 114: 750-770.

[19] Dong X P, Hu J M, Li Z H, et al. Provenance of Ediacaran (Sinian) sediments in the Helanshan area, North China Craton: constraints from U-Pb geochronology and Hf isotopes of detritalzircons[J]. Precambrian Research, 2017, 298: 490-511.

[20] Draut A E, Clift P D. Differential preservation in the geologic record of intraoceanic arc sedimentary and tectonic processes[J]. Earth-Science Reviews, 2013, 116: 57-84.

[21] Fedo C M, Sircombe K N, Rainbird R H. Detrital zircon analysis of the sedimentary record[J]. Reviews in Mineralogy and Geochemistry, 2003, 53(1): 277-303.

[22] Fei M, Pan M, Xie C, et al. Timing and tectonic settings of the Late Paleozoic intrusions in the Zhusileng, northern Alxa: implication for the metallogeny[J]. Geosciences Journal, 2019, 23(1): 37-57.

[23] Feng J, Xiao W, Windley B, et al. Field geology, geochronology and geochemistry of mafic-ultramafic rocks from Alxa, China: implications for Late Permian accretionary tectonics in the southern Altaids[J]. Journal of Asian Earth Sciences, 2013, 78: 114-142.

[24] Feng L X, Brown R W, Han B F, et al. Thrusting and exhumation of the southern Mongolian Plateau: joint thermochronological constraints from the Langshan Mountains, western Inner Mongolia, China[J]. Journal of Asian Earth Sciences, 2017, 144: 287-302.

[25] Floyd P A, Leveridge B E. Tectonic environment of the Devonian Gramscatho basin, south

Cornwall: framework mode and geochemical evidence from turbidite sandstones [J]. Jour. geol. soc. london, 1987, 144(4): 531-542.

[26] Floyd P A, Winchester J A, Park R G. Geochemistry and tectonic setting of Lewisian clastic metasediments from the Early Proterozoic Loch Maree Group of Gairloch, NW Scotland [J]. Precambrian Research, 1989, 45(1-3): 203-214.

[27] Gabet E J, Burbank D W, Pratt-Sitaula B, et al. Modern erosion rates in the High Himalayas of Nepal[J]. Earth and Planetary Science Letters, 2008, 267(3-4): 482-494.

[28] Gallagher K, Brown R, Johnson C. Fission track analysis and its applications to geological problems[J]. Annual Review of Earth and Planetary Sciences, 1998, 26(1): 519-572.

[29] Gehrels G. Detrital zircon U-Pb geochronology applied to tectonics[J]. Annual Review of Earth and Planetary Sciences, 2014, 42(1): 127-149.

[30] Gillespie J , Glorie S , Xiao W , et al. Mesozoic reactivation of the Beishan, southern Central Asian Orogenic Belt: insights from low - temperature thermochronology [J]. Gondwana Research, 2015, 43: 107-122.

[31] Gladkochub D P, Donskaya T V, Stanevich A M, et al. U-Pb detrital zircon geochronology and provenance of Neoproterozoic sedimentary rocks in southern Siberia: new insights into breakup of Rodinia and opening of Paleo-Asian Ocean[J]. Gondwana Research, 2019, 65: 1-16.

[32] Guy A, Schulmann K, Clauer N, et al. Late Paleozoic-Mesozoic tectonic evolution of the Trans-Altai and South Gobi Zones in southern Mongolia based on structural and geochronological data [J]. Gondwana Research, 2014, 25(1): 309-337.

[33] Han B F, Guo Z J, Zhang Z C, et al. Age, geochemistry, and tectonic implications of a late Paleozoic stitching pluton in the North Tian Shan suture zone, western China[J]. Geological Society of America Bulletin, 2010, 122(3-4): 627-640.

[34] He Z Y, Klemd R, Yan L L, et al. The origin and crustal evolution of microcontinents in the Beishan orogen of the southern Central Asian Orogenic Belt[J]. Earth-Science Reviews, 2018, 185: 1-14.

[35] He Z Y, Klemd R, Zhang Z M, et al. Mesoproterozoic continental arc magmatism and crustal growth in the eastern Central Tianshan Arc Terrane of the southern Central Asian Orogenic Belt: geochronological and geochemical evidence[J]. Lithos, 2015, 236: 74-89.

[36] Heumann M J, Johnson C L, Webb L E, et al. Paleogeographic reconstruction of a late Paleozoic arc collision zone, southern Mongolia[J]. Geological Society of America Bulletin, 2012, 124(124): 1514-1534.

[37] Heumann M J, Johnson C L, Webb L E, et al. Total and incremental left-lateral displacement across the East Gobi Fault Zone, southern Mongolia: implications for timing and modes of polyphase intracontinental deformation[J]. Earth and Planetary Science Letters, 2014, 392: 1-15.

[38] Heumann M J, Johnson C L, Webb L E. Plate interior polyphase fault systems and sedimentary basin evolution: a case study of the East Gobi Basin and East Gobi Fault Zone, southeastern Mongolia[J]. Journal of Asian Earth Sciences, 2018, 151: 343-358.

[39] Huang B, Yan Y, Piper J D A, et al. Paleomagnetic constraints on the paleogeography of the East Asian blocks during Late Paleozoic and Early Mesozoictimes[J]. Earth-Science Reviews, 2018, 186: 8-36.

[40] Jahn B, Wu F, Chen B. Granitoids of the Central Asian Orogenic Belt and continental growth in the Phanerozoic[J]. Earth and Environmental Science Transactions of the Royal Society of Edinburgh, 2000, 91(1-2): 181-193.

[41] Jian X, Guan P, Zhang W, et al. Geochemistry of Mesozoic and Cenozoic sediments in the northern Qaidam basin, northeastern Tibetan Plateau: implications for provenance andweathering[J]. Chemical Geology, 2013, 360: 74-88.

[42] Jiang Y H, Jia R Y, Liu Z, et al. Origin of Middle Triassic high-K calc-alkaline granitoids and their potassic microgranular enclaves from the western Kunlun orogen, northwest China: a record of the closure of Paleo-Tethys[J]. Lithos, 2013, 156: 13-30.

[43] Jiao R, Seward D, Little T A, et al. Thermal history and exhumation of basement rocks from Mesozoic to Cenozoic subduction cycles, central North Island, New Zealand[J]. Tectonics, 2014, 33(10): 1920-1935.

[44] Khain E V, Bibikova E V, Kröner A, et al. The most ancient ophiolite of the Central Asian fold belt: U-Pb and Pb-Pb zircon ages for the Dunzhugur Complex, Eastern Sayan, Siberia, and geodynamic implications[J]. Earth and Planetary Science Letters, 2002, 199(3-4): 311-325.

[45] Klemme H D. Basin classification in geological principles of world oil occurrence [D]. Edmonton: University of Alberta, 1974.

[46] Klemme H D. Petroleum basins——classifications and characteristics[J]. Journal of petroleum geology, 1980, 3(2): 187-207.

[47] Kröner A, Kovach V, Alexeiev D, et al. No excessive crustal growth in the Central Asian Orogenic Belt: further evidence from field relationships and isotopic data[J]. Gondwana Research, 2017, 50: 135-166.

[48] Kröner A, Kovach V, Belousova E, et al. Reassessment of continental growth during the accretionary history of the Central Asian Orogenic Belt[J]. Gondwana Research, 2014, 25(1): 103-125.

[49] Lehmann J, Schulmann K, Lexa O, et al. Structural constraints on the evolution of the Central Asian Orogenic Belt in SW Mongolia[J]. American Journal of Science, 2010, 310(7): 575-628.

[50] Li J Y. Permian geodynamic setting of Northeast China and adjacent regions: closure of the Paleo-Asian Ocean and subduction of the Paleo-Pacific Plate[J]. Journal of Asian Earth Sciences, 2006, 26(3): 207-224.

[51] Li K, Jolivet M, Zhang Z, et al. Long-term exhumation history of the Inner Mongolian Plateau constrained by apatite fission track analysis[J]. Tectonophysics, 2016, 666: 121-133.

[52] Liu Q, Zhao G, Han Y, et al. Geochronology and Geochemistry of Paleozoic to Mesozoic Granitoids in Western Inner Mongolia, China: implications for the Tectonic Evolution of the Southern Central Asian Orogenic Belt[J]. The Journal of Geology, 2018, 126(4): 451-471.

[53] Liu Q, Zhao G, Han Y, et al. Geochronology and geochemistry of Permian to Early Triassic granitoids in the Alxa Terrane: constraints on the final closure of the Paleo-Asian Ocean[J]. Lithosphere, 2017b, 9(4): 665-680.

[54] Liu Q, Zhao G, Han Y, et al. Timing of the final closure of the middle segment of the Paleo-Asian Ocean: insights from geochronology and geochemistry of Carboniferous-Triassic volcanosedimentary successions in western Inner Mongolia, China[J]. Geological Society of America Bulletin, 2019, 131(5-6): 941-965.

[55] Liu Q, Zhao G, Han Y, et al. Timing of the final closure of the Paleo-Asian Ocean in the Alxa Terrane: constraints from geochronology and geochemistry of Late Carboniferous to Permian gabbros and diorites[J]. Lithos, 2017a, 274: 19-30.

[56] Liu S, Qian T, Li W, et al. Oblique closure of the northeastern Paleo-Tethys in central China [J]. Tectonics, 2015, 34(3): 413-434.

[57] Molnar P, Tapponnier P. Cenozoic tectonics of Asia: effects of a continental collision[J]. Science, 1975, 189(4201): 419-426.

[58] Nesbitt H W, Young G M. Prediction of some weathering trends of plutonic and volcanic rocks based on thermodynamic and kinetic considerations[J]. Geochimica et Cosmochimica Acta, 1984, 48(7): 1523-1534.

[59] Nesbitt H W, Young G M. Formation and diagenesis of weathering profiles[J]. The Journal of Geology, 1989, 97(2): 129-147.

[60] Niu Y, Liu Y, Xue Q, et al. Exotic origin of the Chinese continental shelf: new insights into the tectonic evolution of the western Pacific and eastern China since the Mesozoic[J]. Science-Bulletin, 2015, 60(18): 1598-1616.

[61] Pettijohn F J, Potter P E, Siever R. Sand and sandstone [M]. New York: Springer-Verlag, 1987.

[62] Reiners P W, Brandon M T. Using thermochronology to understand orogenic erosion[J]. Annual Review of Earth and Planetary Sciences, 2006, 34: 419-466.

[63] Reiners P W, Farley K A, Hickes H J. He diffusion and (U-Th)/He thermochronometry of zir-

con: Initial results from Fish Canyon Tuff and Gold Butte[J]. Tectonophysics, 2002, 349(1): 297-308.

[64] Ritts B D, Darby B J, Cope T. Early Jurassic extensional basin formation in the Daqing Shan segment of the Yinshan belt, northern North China Block, Inner Mongolia[J]. Tectonophysics, 2001, 339(3-4): 239-258.

[65] Şengör A M C, Natal'in B A, Burtman V S. Evolution of the Altaid tectonic collage and Palaeozoic crustal growth in Eurasia[J]. Nature, 1993, 364(6435): 299-307.

[66] Şengör A M C, Natal'in B A, Sunal G, et al. The tectonics of the Altaids: crustal growth during the construction of the continental lithosphere of Central Asia between ~750 and ~130 Ma ago [J]. Annual Review of Earth and Planetary Sciences, 2018, 46: 439-494.

[67] Sengör A M C, Natal'in B A. Turkic-type orogeny and its role in the making of the continental-crust[J]. Annual Review of Earth and Planetary Sciences, 1996, 24(1): 263-337.

[68] Shao J A. Continental crust accretion and tectono-magmatic activity at the northern margin of the Sino-Koreanplate[J]. Journal of Southeast Asian Earth Sciences, 1989, 3(1-4): 57-62.

[69] Shaw J, Gutiérrez A G, Johnston S T, et al. Provenance variability along the Early Ordovician north Gondwana margin: Paleogeographic and tectonic implications of U-Pb detrital zircon ages from the Armorican Quartzite of the Iberian Variscan belt[J]. Geological Society of America Bulletin, 2014, 126(5-6): 702-719.

[70] Shi G R. The marine Permian of East and Northeast Asia: an overview of biostratigraphy, palaeobiogeography and palaeogeographical implications[J]. Journal of Asian Earth Sciences, 2006, 26(3-4): 175-206.

[71] Shi G, Liang C, Wang H, et al. Superimposed deformation of the Solonker Belt and nearby regions in western Inner Mongolia, China[J]. Geological Magazine, 2019, 156(5), 811-832.

[72] Shi G, Song G, Wang H, et al. Late Paleozoic tectonics of the Solonker Zone in the Wuliji area, Inner Mongolia, China: Insights from stratigraphic sequence, chronology, and sandstone geochemistry[J]. Journal of Asian Earth Sciences, 2016, 127: 100-118.

[73] Shi G, Wang H, Liu E, et al. Sr-Nd-Pb isotope systematics of the Permian volcanic rocks in the northern margin of the Alxa Block (the Shalazhashan Belt) and comparisons with the nearby regions: Implications for a Permian rift setting? [J]. Journal of Geodynamics, 2018, 115: 43-56.

[74] Shi X, Wang T, Zhang L, et al. Timing, petrogenesis and tectonic setting of the Late Paleozoic gabbro-granodiorite-granite intrusions in the Shalazhashan of northern Alxa: Constraints on the southernmost boundary of the Central Asian Orogenic Belt[J]. Lithos, 2014, 208: 158-177.

[75] Song D, Glorie S, Xiao W, et al. Tectono-thermal evolution of the southwestern Alxa Tectonic Belt, NW China: constrained by apatite U-Pb and fission track thermochronology[J]. Tectonophysics, 2018b, 722: 577-594.

[76] Song D, Xiao W, Collins A S, et al. Final subduction processes of the Paleo-Asian Ocean in the Alxa Tectonic Belt (NW China): constraints from field and chronological data of Permian arc - related volcano-sedimentary rocks[J]. Tectonics, 2018a, 37(6): 1658-1687.

[77] Spencer C J, Kirkland C L. Visualizing the sedimentary response through the orogenic cycle: A multidimensional scaling approach[J]. Lithosphere, 2016, 8(1): 29-37.

[78] Tang K. Tectonic development of Paleozoic foldbelts at the north margin of the Sino-Korean Craton[J]. Tectonics, 1990, 9(2): 249-260.

[79] Tao W, Zheng Y, Zhang J, et al. Pattern and kinematic polarity of late Mesozoic extension in continental NE Asia: Perspectives from metamorphic core complexes[J]. Tectonics, 2011, 30(6): TC6007.

[80] Taylor J, Webb L, Johnson C, et al. The lost South Gobi microcontinent: protolith studies of metamorphic tectonites and implications for the evolution of continental crust in Southeastern Mongolia[J]. Geosciences, 2013, 3(3): 543-584.

[81] Thomas W A. Detrital-zircon geochronology and sedimentary provenance [J]. Lithosphere, 2011, 3(4): 304-308.

[82] Tian Z, Xiao W, Zhang Z, et al. Fission-track constrains on superposed folding in the Beishan orogenic belt, southernmost Altaids[J]. Geoscience Frontiers, 2016, 7(2): 181-196.

[83] Vermeesch P. IsoplotR: a free and open toolbox for geochronology[J]. Geoscience Frontiers, 2018, 9(5): 1479-1493.

[84] Vermeesch P. Multi-sample comparison of detrital age distributions [J]. Chemical Geology, 2013, 341: 140-146.

[85] Vermeesch P. On the visualisation of detrital age distributions[J]. Chemical Geology, 2012, 312: 190-194.

[86] Wainwright A J, Tosdal R M, Forster C N, et al. Devonian and Carboniferous arcs of the Oyu Tolgoi porphyry Cu-Au district, South Gobi region, Mongolia [J]. Geological Society of America Bulletin, 2011, 123(1-2): 306-328.

[87] Wakita K, Pubellier M, Windley B F. Tectonic processes, from rifting to collision via subduction, in SE Asia and the western Pacific: a key to understanding the architecture of the Central Asian Orogenic Belt[J]. Lithosphere, 2013, 5(3): 265-276.

[88] Wan B, Li S, Xiao W, et al. Where and when did the Paleo-Asian ocean form? [J]. Precambrian Research, 2018, 317: 241-252.

[89] Wang H Z, Mo X X. An outline of the tectonic evolution of China[J]. Episodes, 1995, 18(1-2): 6-16.

[90] Wang Q, Liu X. Paleoplate tectonics between Cathaysia and Angaraland in inner Mongolia of China[J]. Tectonics, 1986, 5(7): 1073-1088.

[91] Wang T, Tong Y, Zhang L, et al. Phanerozoic granitoids in the central and eastern parts of Central Asia and their tectonic significance[J]. Journal of Asian Earth Sciences, 2017, 145: 368-392.

[92] Wang T, Zheng Y, Li T, et al. Mesozoic granitic magmatism in extensional tectonics near the Mongolian border in China and its implications for crustal growth[J]. Journal of Asian Earth Sciences, 2004, 23(5): 715-729.

[93] Wang Y, Sun G, Li J. U-Pb (Shrimp) and $^{40}Ar/^{39}Ar$ geochronological constraints on the evolution of the Xingxingxia shear zone, NW China: a Triassic segment of the Altyn Tagh fault system[J]. Geological Society of America Bulletin, 2010, 122(3-4): 487-505.

[94] Webb L E, Graham S A, Johnson C L, et al. Occurrence, age, and implications of the Yagan-Onch Hayrhan metamorphic core complex, southern Mongolia[J]. Geology, 1999, 27(2): 143-146.

[95] Webb L E, Johnson C L, Minjin C. Late Triassic sinistral shear in the East Gobi fault zone, Mongolia[J]. Tectonophysics, 2010, 495(3-4): 246-255.

[96] Windley B F, Alexeiev D, Xiao W, et al. Tectonic models for accretion of the Central Asian Orogenic Belt[J]. Journal of the Geological Society, 2007, 164(1): 31-47.

[97] Wu S, Hu J, Ren M, et al. Petrography and zircon U-Pb isotopic study of the Bayanwulashan Complex: constrains on the Paleoproterozoic evolution of the Alxa Block, westernmost North China Craton[J]. Journal of Asian Earth Sciences, 2014, 94: 226-239.

[98] Xiao Q, Shao G, Liu Z, et al. Eastern termination of the Altyn Tagh Fault, western China: constraints from a magnetotelluric survey[J]. Journal of Geophysical Research: Solid Earth, 2015b, 120(5): 2838-2858.

[99] Xiao W, Windley B F, Han C, et al. Late Paleozoic to early Triassic multiple roll-back and oroclinal bending of the Mongolia collage in Central Asia[J]. Earth-Science Reviews, 2018, 186: 94-128.

[100] Xiao W, Windley B F, Sun S, et al. A tale of Amalgamation of Three Permo-Triassic collage systems in Central Asia: oroclines, sutures, and terminal accretion[J]. Annual Review of Earth and Planetary Sciences, 2015a, 43(1): 477-507.

[101] Xu B, Charvet J, Chen Y, et al. Middle Paleozoic convergent orogenic belts in western Inner Mongolia (China): framework, kinematics, geochronology and implications for tectonic evolution of the Central Asian Orogenic Belt[J]. Gondwana Research, 2013, 23(4): 1342-1364.

[102] Yakubchuk A. Re-deciphering the tectonic jigsaw puzzle of northern Eurasia[J]. Journal of Asian Earth Sciences, 2008, 32(2-4): 82-101.

[103] Yarmolyuk V V, Kovalenko V I, Sal'nikova E B, et al. U-Pb-Age of sin- and postmetamor-

phic granitoids from Southern Mongolia – evidence for the presence of grenvilides in the Central Asian Fold Belt[J]. Doklady Akademii Nauk – Rossijskaya Akademiya Nauk, Russian Federation: 2005, 404(1): 84-89.

[104] Yin C, Zhang B, Han B F, et al. Structural analysis and deformation characteristics of the Yingba metamorphic core complex, northwestern margin of the North China craton, NE Asia [J]. Journal of Structural Geology, 2017, 94: 195-212.

[105] Yin H, Zhou H, Zhang W, et al. Late Carboniferous to early Permian sedimentary-tectonic evolution of the north of Alxa, Inner Mongolia, China: evidence from the Amushan Formation [J]. Geoscience Frontiers, 2016, 7(5): 733-741.

[106] Yuan H L, Gao S, Dai M N, et al. Simultaneous determinations of U-Pb age, Hf isotopes and trace element compositions of zircon by excimer laser-ablation quadrupole and multiple-collector ICP-MS[J]. Chemical Geology, 2008, 247(1-2): 100-118.

[107] Yue Y, Liou J G. Two-stage evolution model for the Altyn Tagh fault, China[J]. Geology, 1999, 27(3): 227-230.

[108] Zhang D, Huang B, Zhao J, et al. Permian paleogeography of the Eastern CAOB: Paleomagnetic constraints from volcanic rocks in Central Eastern Inner Mongolia, NE China[J]. Journal of Geophysical Research: Solid Earth, 2018a, 123(4): 2559-2582.

[109] Zhang J, Li J, Xiao W, et al. Kinematics and geochronology of multistage ductile deformation along the eastern Alxa block, NW China: new constraints on the relationship between the North China Plate and the Alxa block[J]. Journal of Structural Geology, 2013, 57: 38-57.

[110] Zhang J, Wang T, Castro A, et al. Multiple mixing and hybridization from magma source to final emplacement in the Permian Yamatu pluton, the Northern Alxa Block, China[J]. Journal of Petrology, 2016b, 57(5): 933-980.

[111] Zhang J, Wang T, Zhang L, et al. Tracking deep crust by zircon xenocrysts within igneous rocks from the northern Alxa, China: constraints on the southern boundary of the Central Asian Orogenic Belt[J]. Journal of Asian Earth Sciences, 2015, 108: 150-169.

[112] Zhang L, Liu C, He X. Discovery of kilometer-scale uplift and exhumation related to the late Indosinian Movement in the Northern Ordos Basin, North China[J]. Acta Geologica Sinica (English edition), 2019, 93(1): 231-232.

[113] Zhang S, Liu C, Liang H, et al. Paleoenvironmental conditions, organic matter accumulation, and unconventional hydrocarbon potential for the Permian Lucaogou Formation organic-rich rocks in Santanghu Basin, NW China[J]. International Journal of Coal Geology, 2018c, 185: 44-60.

[114] Zhang S, Liu C, Yang M, et al. Latest Triassic to Early Jurassic Thrusting and Exhumation in the Southern Ordos Basin, North China: evidence from LA-ICP-MS-based Apatite Fission TrackTher-

mochronology[J]. Acta Geologica Sinica (English edition), 2018b, 92(4): 1334-1348.

[115] Zhang S, Wang J, Liu C, et al. Detrital zircon U-Pb geochronology of the Permian strata in the Turpan-Hami Basin in North Xinjiang, NW China: depositional age, provenance, and tectonic implications [J]. Geological Journal, 2019, 54(2): 1064-1080.

[116] Zhang W, Pease V, Meng Q, et al. Age and petrogenesis of late Paleozoic granites from the northernmost Alxa region, northwest China, and implications for the tectonic evolution of the region[J]. International journal of earth sciences, 2017, 106(1): 79-96.

[117] Zhang W, Pease V, Meng Q, et al. Discovery of a Neoproterozoic granite in the Northern Alxa region, NW China: its age, petrogenesis and tectonic significance[J]. Geological Magazine, 2016a, 153(3): 512-523.

[118] Zhao G, Wang Y, Huang B, et al. Geological reconstructions of the East Asian blocks: from the breakup of Rodinia to the assembly of Pangea[J]. Earth-Science Reviews, 2018, 186: 262-286.

[119] Zhao P, Xu B, Zhang C. A rift system in southeastern Central Asian Orogenic Belt: constraint from sedimentological, geochronological and geochemical investigations of the Late Carboniferous-Early Permian strata in northern Inner Mongolia (China)[J]. Gondwana Research, 2017, 47: 342-357.

[120] Zheng R, Li J, Xiao W, et al. A new ophiolitic mélange containing boninitic blocks in Alxa region: implications for Permian subduction events in southern CAOB[J]. Geoscience Frontiers, 2018, 9(5): 1355-1367.

[121] Zheng R, Wu T, Zhang W, et al. Late Paleozoic subduction system in the northern margin of the Alxa block, Altaids: geochronological and geochemical evidences from ophiolites [J]. Gondwana Research, 2014, 25(2): 842-858.

[122] Zheng Y, Zhang Q, Wang Y, et al. Great Jurassic thrust sheets in Beishan (North Mountains)—Gobi areas of China and southern Mongolia[J]. Journal of Structural Geology, 1996, 18(9): 1111-1126.

[123] Zhou J B, Wilde S A, Zhao G C, et al. Nature and assembly of microcontinental blocks within the Paleo-Asian Ocean[J]. Earth-science reviews, 2018, 186: 76-93.

[124] Zhu J, Ren J. Carboniferous-Permian stratigraphy and sedimentary environment of Southeastern Inner Mongolia, China: constraints on final closure of the Paleo-Asian Ocean[J]. Acta Geologica Sinica (English Edition), 2017, 91(3): 832-856.

[125] Zuza A V, Yin A. Balkatach hypothesis: a new model for the evolution of the Pacific, Tethyan, and Paleo-Asian oceanic domains[J]. Geosphere, 2017, 13(5): 1664-1712.

[126] Zwingmann H, Mancktelow N. Timing of Alpine fault gouges[J]. Earth and Planetary Science Letters, 2004, 223(3-4): 415-425.

[127] 白建科，刘池阳，张少华，等. 东天山吐哈盆地南缘企鹅山群玄武岩锆石 U-Pb 年代学，地球化学及其对北天山洋闭合时限的约束[J]. 岩石学报，2018，34(10)：2995-3010.
[128] 卜建军，段先锋，牛志军. 内蒙古西部额济纳旗及邻区中二叠统腕足类动物群的特征和时代[J]. 地质通报，2011，30(6)：943-954.
[129] 卜建军，吴俊，段先锋，等. 银根-额济纳旗盆地恩格尔乌苏一带二叠系腕足类动物群及其意义[J]. 地质科技情报，2013(3)：1-5.
[130] 陈高潮，史冀中，姜亭，等. 内蒙古阿拉善右旗塔木素地区酸性侵入岩锆石 U-Pb 年龄与地球化学特征[J]. 地质通报，2015，34(10)：1884-1896.
[131] 党犇，赵虹，林广春，等. 阿拉善北部地区石炭纪火山岩岩石成因及构造意义[J]. 中国地质大学学报，2013，38(5)：963-974.
[132] 党犇，赵虹，林广春，等. 内蒙古西部银根-额济纳旗盆地及邻区二叠纪火山岩的地球化学特征和构造环境[J]. 地质通报，2011，30(6)：923-931.
[133] 董春艳，刘敦一，李俊建，等. 华北克拉通西部孔兹岩带形成时代新证据：巴彦乌拉-贺兰山地区锆石 SHRIMP 定年和 Hf 同位素组成[J]. 科学通报，2007，52(16)：1913-1922.
[134] 甘立胜，吴泰然，陈彦，等. 内蒙古阿拉善北缘尚丹岩体的年代学、地球化学特征及构造意义[J]. 岩石学报，2018，34(11)：3359-3374.
[135] 耿元生，王新社，沈其韩，等. 内蒙古阿拉善地区前寒武纪变质基底阿拉善群的再厘定[J]. 中国地质，2006，33(1)：138-145.
[136] 耿元生，王新社，沈其韩，等. 内蒙古阿拉善地区前寒武纪变质岩系形成时代的初步研究[J]. 中国地质，2007，34(2)：251-261.
[137] 耿元生，周喜文. 阿拉善变质基底中的早二叠世岩浆热事件——来自同位素年代学的证据[J]. 岩石学报，2012，28(9)：2667-2685.
[138] 耿元生，周喜文. 阿拉善地区新元古代岩浆事件及其地质意义[J]. 岩石矿物学杂志，2010，29(6)：779-795.
[139] 耿元生，周喜文. 阿拉善地区新元古代早期花岗岩的地球化学和锆石 Hf 同位素特征[J]. 岩石学报，2011，27(4)：897-908.
[140] 龚建业，张志诚，张臣，等 阿尔金断裂带东端断裂展布型式的研究[J]. 北京大学学报(自然科学版)，2007，43(2)：169-175.
[141] 郭胜哲. 中朝板块与西伯利亚板块拼合时限的确定及其生物地层学依据[J]. 中国地质科学院沈阳地质矿产研究所文集，1986，14：127-136.
[142] 韩宝福，张臣，赵磊，等. 蒙古西部呼伦陶勒盖地区花岗岩类的初步研究[J]. 岩石矿物学杂志，2010，29(6)：741-749.
[143] 韩伟，卢进才，魏建设，等. 内蒙古银额盆地尚丹凹陷中生代构造活动的磷灰石裂变径

迹约束[J]. 地质学报，2015，89(12)：2277-2285.
[144] 韩伟，卢进才，张云鹏，等. 内蒙古西部额济纳旗及其邻区磷灰石裂变径迹研究及其油气地质意义[J]. 大地构造与成矿学，2014，38(3)：647-655.
[145] 何登发，贾承造，童晓光，等. 叠合盆地概念辨析[J]. 石油勘探与开发，2004，31(1)：1-7.
[146] 黄汲清，任纪舜，姜春发，等. 中国大地构造基本轮廓[J]. 地质学报，1977，51(2)：117-135.
[147] 贾东，武龙，闫兵，等. 全球大型油气田的盆地类型与分布规律[J]. 高校地质学报，2011，17(2)：170-184.
[148] 靳久强，张研，许大丰，等. 额济纳旗地区侏罗-白垩纪盆地演化与油气特征[J]. 石油学报，2000，21(4)：13-19.
[149] 靳久强，赵文智，薛良清，等. 中国西北地区侏罗纪原型盆地与演化特征[J]. 地质论评，1999(1)：92-104.
[150] 李光云，樊太亮，唐龙，等. 银额盆地天草凹陷下白垩统层序地层格架与油气分布[J]. 新疆地质，2007，25(3)：295-299.
[151] 李海兵，杨经绥，许志琴，等. 阿尔金断裂带对青藏高原北部生长、隆升的制约[J]. 地学前缘，2006，13(4)：59-79.
[152] 李锦轶，张进，刘建峰，等. 中国大陆主要变形系统[J]. 地学前缘，2014，21(3)：226-245.
[153] 李俊建，沈保丰，李惠民，等. 内蒙古西部巴彦乌拉山地区花岗闪长岩质片麻岩的单颗粒锆石 U-Pb 法年龄[J]. 地质通报，2004，23(12)：1243-1245.
[154] 李俊建. 内蒙古阿拉善地块区域成矿系统[D]. 北京：中国地质大学(北京)，2006.
[155]李三忠，索艳慧，刘博，等. 微板块构造理论：全球洋内与陆缘微地块研究的启示[J]. 地学前缘，2018，25(5)：323-356.
[156] 刘池洋，黄雷，张东东，等. 石油贫富悬殊的成因：来自华北克拉通东部南北新生代盆地的启示[J]. 中国科学(D 辑：地球科学)，2018，48(11)：1506-1526.
[157] 刘池洋，王建强，赵红格，等. 沉积盆地类型划分及其相关问题讨论[J]. 地学前缘，2015，22(3)：1-26.
[158] 刘池洋，赵红格，桂小军，等. 鄂尔多斯盆地演化-改造的时空坐标及其成藏(矿)响应[J]. 地质学报，2006，80(5)：617-638.
[159] 刘池洋，赵俊峰，马艳萍，等. 富烃凹陷特征及其形成研究现状与问题[J]. 地学前缘，2014，21(1)：75-88.
[160] 刘池洋，赵重远，杨兴科. 活动性强，深部作用活跃：中国沉积盆地的两个重要特点[J]. 石油与天然气地质，2000，21(1)：1-6.
[161] 刘池洋. 沉积盆地动力学与盆地成藏（矿）系统[J]. 地球科学与环境学报，2008，30

(1)：1-23.
[162] 刘池洋．叠合盆地特征及油气赋存条件[J]．石油学报，2007，28(1)：1-7.
[163] 刘池洋．后期改造强烈——中国沉积盆地的重要特点之一[J]．石油与天然气地质，1996，17(4)：255-261.
[164] 刘池洋．盆地构造动力学研究的弱点、难点及重点[J]．地学前缘，2005，12(3)：113-124.
[165] 刘和甫．沉积盆地地球动力学分类及构造样式分析[J]．地球科学，1993，18(6)：699-724.
[166] 刘溪，韩伟，魏建设，等．内蒙古银额盆地希热哈达地区中生代构造活动的磷灰石裂变径迹约束[J]．地质学报，2017，91(10)：2185-2195.
[167] 刘晔，柳小明，胡兆初，等．ICP-MS 测定地质样品中 37 个元素的准确度和长期稳定性分析[J]．岩石学报，2007，23(5)：1203-1210.
[168] 刘治博，张维杰．内蒙古阿拉善右旗杭嘎勒晚二叠世闪长岩地球化学特征和 LA-ICP-MS 锆石 U-Pb 定年[J]．西北地质，2014，47(1)：84-95.
[169] 柳广第．石油地质学[M]．北京：石油工业出版社，2009.
[170] 龙晓平，黄宗莹．中亚造山带内微陆块的起源——以中国天山造山带研究为例[J]．矿物岩石地球化学通报，2017，36(5)：771-785.
[171] 卢进才，陈高潮，李玉宏，等．银额盆地及其邻区石炭系-二叠系油气地质条件与资源前景[M]．北京：地质出版社，2012.
[172] 卢进才，陈高潮，李玉宏，等．银额盆地及其邻区石炭系-二叠系油气资源远景调查主要进展及成果[J]．中国地质调查，2014(2)：35-44.
[173] 卢进才，牛亚卓，姜亭．中国北方石炭系-二叠系油气地质调查与勘探进展[J]．地质通报，2018，37(1)：7-15.
[174] 卢进才，史冀忠，牛亚卓，等．内蒙古西部北山-银额地区石炭纪-二叠纪层序地层与沉积演化[J]．岩石学报，2018b，34(10)：3101-3115.
[175] 卢进才，魏仙样，魏建设，等．内蒙古西部额济纳旗及其邻区石炭系-二叠系油气地质条件初探[J]．地质通报，2010(2)：330-340.
[176] 卢进才，张洪安，牛亚卓，等．内蒙古西部银额盆地石炭系-二叠系油气地质条件与勘探发现[J]．中国地质，2017(1)：13-32.
[177] 牛子钺，柳广弟，曹喆，等．银额盆地查干凹陷油藏特征及油气成藏过程[J]．石油实验地质，2016，38(1)：32-39.
[178] 彭恒，王建强，刘池洋，等．晚三叠世-早侏罗世祁连山东部隆升的裂变径迹年代学证据及地质意义[J]．地球科学，2018，43(6)：1983-1996.
[179] 卿芸．内蒙古阿拉善右旗塔木素地区变质基底研究[D]．北京：中国地质大学(北京)，2010.

[180] 冉皞，张维杰，刘治博．内蒙古阿拉善右旗杭嘎勒晚二叠世二长花岗岩地球化学特征和 LA-ICP-MS 锆石 U-Pb 定年[J]．地质通报，2012，31(10)：1565-1575.
[181] 任纪舜，黄汲清．中国大地构造及其演化：1：400 万中国大地构造图简要说明[M]．北京：科学出版社，1980.
[182] 邵济安，唐克东，何国琦．内蒙古早二叠世构造古地理的再造[J]．岩石学报，2014，30(7)：1858-1866.
[183] 沈其韩，耿元生，王新社，等．阿拉善地区前寒武纪斜长角闪岩的岩石学、地球化学、形成环境和年代学[J]．岩石矿物学杂志，2005，24(1)：21-31.
[184] 沈树忠，张华，张以春，等．中国二叠纪综合地层和时间框架[J]．中国科学：地球科学，2019，49(1)：160-193.
[185] 史冀忠，陈高潮，姜亭，等．内蒙古银额盆地及邻区石炭纪小独山期-二叠纪紫松期物源[J]．地质通报，2013，32(11)：1777-1789.
[186] 史美良．阿拉善地区地质构造问题的几点认识[J]．中国区域地质，1987，2：268-273.
[187] 史兴俊，童英，王涛，等．内蒙古西部阿拉善地区哈里努登花岗岩 LA-ICP-MS 锆石 U-Pb年龄和地球化学特征[J]．地质通报，2012，31(5)：662-670.
[188] 史兴俊，张磊，王涛，等．阿拉善北部宗乃山地区片麻岩锆石 U-Pb 年龄，Hf 同位素特征及其构造归属探讨[J]．岩石学报，2016，32(11)：3518-3536.
[189] 史兴俊，张磊，王涛，等．内蒙古阿拉善盟北部宗乃山中酸性侵入岩年代学、地球化学及构造意义[J]．岩石矿物学杂志，2014，33(6)：989-1007.
[190] 史兴俊．阿拉善北部庆格勒地区花岗岩年代学、地球化学及岩石成因[D]．北京：中国地质大学(北京)，2012.
[191] 宋伟．内蒙古阿拉善北部准敖呼图-笋布尔乌拉变质深成岩研究[D]．北京：中国地质大学(北京)，2014.
[192] 宋鹰，张俊霞，Stepashko A，等．基于核密度估计的碎屑颗粒年龄分析及应用：松辽盆地构造事件定年[J]．地学前缘，2016，23(4)：265-276.
[193] 孙立新，任邦方，王树庆，等．内蒙古苏尼特左旗中元古代片麻状花岗岩的成因及大地构造意义[J]．地质学报，2018，92(11)：2167-2189.
[194] 孙立新，任邦方，赵凤清，等．内蒙古锡林浩特地块中元古代花岗片麻岩的锆石 U-Pb 年龄和 Hf 同位素特征[J]．地质通报，2013，32(Z1)：327-340.
[195] 王二七．关于印度与欧亚大陆初始碰撞时间的讨论[J]．中国科学：地球科学，2017，47(3)：28-36.
[196] 王行军．内蒙古阿拉善地区蛇绿岩的地球化学特征及其构造意义[D]．北京：中国地质大学(北京)，2012.
[197] 王鸿祯，何国琦，张世红．中国与蒙古之地质[J]．地学前缘，2006，13(6)：1-13.
[198] 王建其，柳小明．X 射线荧光光谱法分析不同类型岩石中 10 种主量元素的测试能力验

证[J]. 岩矿测试，2016，35(2)：145-151.
[199] 王清晨，蔡立国. 四川海相原型盆地的建设与改造[J]. 地质科学，2011，46(1)：92-119.
[200] 王涛，郑亚东，GEHRELS G E，等. 南蒙微大陆存在的年代学证据：亚干-翁奇海尔罕核杂岩花岗质片麻岩的锆石 U-Pb 年龄[J]. 科学通报，2001，46(14)：1220-1223.
[201] 王涛，郑亚东，刘树文，等. 中蒙边界亚干变质核杂岩糜棱状钾质花岗岩——早中生代收缩与伸展构造体制的转换标志[J]. 岩石学报，2002，18(2)：177-186.
[202] 王廷印，高军平，王金荣，等. 内蒙古阿拉善北部地区碰撞期和后造山期岩浆作用[J]. 地质学报，1998，72(2)：126-137.
[203] 王廷印，王金荣，刘金坤，等. 华北板块和塔里木板块之关系[J]. 地质学报，1993(4)：287-300.
[204] 王廷印，王金荣，王士政. 阿拉善北部恩格尔乌苏蛇绿混杂岩带的发现及其构造意义[J]. 兰州大学学报，1992(2)：194-196.
[205] 王廷印，王士政，王金荣. 阿拉善地区古生代陆壳的形成和演化[M]. 兰州：兰州大学出版社，1994.
[206] 王新民，郭彦如，马龙，等. 银-额盆地侏罗、白垩系油气超系统特征及其勘探方向[J]. 地球科学进展，2001，16(4)：490-495.
[207] 王艳凯. 内蒙古阿拉善右旗恩格尔乌苏一带本巴图组构造变形分析[D]. 北京：中国地质大学(北京)，2015.
[208] 卫平生，谭开俊. 银额盆地白垩系烃源岩特征及影响因素[J]. 断块油气田，2005，12(6)：8-10.
[209] 魏建设，卢进才，魏仙样，等. 强烈风化作用对烃源岩评价指标的影响——以额济纳旗及邻区石炭系-二叠系为例[J]. 地质通报，2012，31(10)：1715-1723.
[210] 吴福元，李献华，郑永飞，等. Lu-Hf 同位素体系及其岩石学应用[J]. 岩石学报，2007，23(2)：185-220.
[211] 吴泰然，何国琦. 阿拉善地块北缘的蛇绿混杂岩带及其大地构造意义[J]. 现代地质，1992，6(3)：286-296.
[212] 吴泰然，何国琦. 内蒙古阿拉善地块北缘的构造单元[J]. 地质学报，1993，67(2)：97-108.
[213] 仵康林. 阿拉善地区华力西晚期花岗类岩石地球化学特征及其构造意义[D]. 西安：长安大学，2011.
[214] 谢奋全，王黎栋，李琦，等. 阿拉善宗乃山岩体东南缘花岗岩 LA-ICP-MS 锆石 U-Pb 年龄与地球化学特征[J]. 岩矿测试，2015(3)：375-382.
[215] 谢力，尹海权，周洪瑞，等. 内蒙古阿拉善地区恩格尔乌苏缝合带二叠纪放射虫及其地质意义[J]. 地质通报，2014，33(5)：691.

[216] 徐备，陈斌．内蒙古北部华北板块与西伯利亚板块之间中古生代造山带的结构及演化[J]．中国科学(D辑：地球科学)，1997，27(03)：227-232.
[217] 徐东卓，张维杰，周海涛，等．内蒙古阿拉善地块中北部地区辉长岩岩体特征、锆石定年及其构造意义[J]．地质通报，2014，33(5)：661-671.
[218] 徐学义，李荣社，陈隽璐，等．新疆北部古生代构造演化的几点认识[J]．岩石学报，2014，30(6)：1521-1534.
[219] 闫臻，王宗起，闫全人，等．造山带汇聚板块边缘沉积盆地的鉴别与恢复[J]．岩石学报，2018，34(7)：1943-1958.
[220] 杨奇荻，张磊，王涛，等．内蒙古阿拉善地块北缘沙拉扎山晚石炭世岩体地球化学特征与LA-ICP-MS锆石U-Pb年龄[J]．地质通报，2014，33(6)：776-787.
[221] 杨振德，潘行适，杨易福．阿拉善断块及邻区地质构造特征与矿产[M]．北京：科学出版社，1988.
[222] 叶珂，张磊，王涛，等．阿拉善雅布赖山二叠纪中酸性岩浆岩年代学、地球化学、锆石Hf同位素特征及构造意义[J]．岩石矿物学杂志，2016，35(6)：901-928.
[223] 尹海泉．内蒙古阿拉善地区北部古生代沉积及其大地构造演化特征[D]．北京：中国地质大学(北京)，2016.
[224] 张春灌，杨高印，严云奎，等．内蒙古西部银根-额济纳旗盆地航磁异常特征及地质意义[J]．地质通报，2012，31(10)：1724-1730.
[225] 张建新，宫江华．阿拉善地块性质和归属的再认识[J]．岩石学报，2018，34(4)：940-962.
[226] 张磊，史兴俊，张建军，等．内蒙古阿拉善北部陶豪托西圈辉长岩LA-ICP-MS锆石U-Pb年龄和地球化学特征[J]．地质通报，2013，32(10)：1536-1547.
[227] 张文，吴泰然，冯继承，等．阿拉善地块北缘古大洋闭合的时间制约：来自乌力吉花岗岩体的证据[J]．中国科学：地球科学，2013，43：1299-1311.
[228] 张渝昌，张荷，孙肇才．中国含油气盆地原型分析[M]．南京：南京大学出版社，1997.
[229] 张宇轩，牛亚卓，魏建设，等．内蒙古阿拉善北部好比如地区下石炭统好比如组时代修订及其地质意义[J]．地质通报，2018，37(1)：51-62.
[230] 张正平，刘广，徐翠，等．内蒙古阿拉善右旗塔木素地区晚二叠世花岗岩地球化学特征、LA-ICP-MS锆石U-Pb年龄及其意义[J]．地质与勘探，2016，52(5)：893-909.
[231] 张志诚，龚建业，王晓丰，等．阿尔金断裂带东端$^{40}Ar/^{39}Ar$和裂变径迹定年及其地质意义[J]．岩石学报，2008，24(5)：123-135.
[232] 赵文智．中国西北地区侏罗纪原型盆地形成与演化[M]．北京：地质出版社，2000.